KB173474

혈당 잡고 면역 올리는 사계절 본초 집밥

김소형의 맛있는 보양 밥상

김소형 지음

일러두기

• 본 책의 한의학적 및 영양학적 내용은 개인의 체질 및 건강 상태에 따라 다르게 작용할 수 있으며, 한의원 및 병원의 진료를 대신할 수 없습니다. 어떠한 경우에든 본 책의 내용이 의료인의 진료를 받지 않은 예방, 진단 및 치료 자료로 사용할 수 없음을 알립니다.
• 독자의 이해를 돕기 위해 '식재료 보감' 및 '약초 보감' 등에는 처음 언급되는 한의학 용어만 한자를 병기하고 이후부터는 생략했습니다. 단, 본문 레시피 속 '재료 도감'에서는 독자의 편의를 위해 한자 표기가 필요한 단어는 매번 한자를 병기했습니다.
• 각 요리의 소요 시간은 개인에 따라 다를 수 있습니다.

혈당 잡고 면역 올리는 사계절 본초 집밥

김소형의 맛있는 보양 밥상

초판 1쇄 발행 · 2023년 7월 27일
초판 3쇄 발행 · 2024년 8월 29일
지은이 · 김소형
발행인 · 우현진
발행처 · (주)용감한 까치
출판사 등록일 · 2017년 4월 25일
팩스 · 02)6008-8266
홈페이지 · www.bravekkachi.co.kr
이메일 · aoqnf@naver.com

기획 및 책임편집 · 우혜진
마케팅 · 리자 **디자인** · 죠스 **교정교열** · 이정현
제작 총괄 · 황은미 **제작 진행** · 이서경
푸드디렉팅 & 필름디렉팅 · 아이엠푸드스타일리스트(신재원, 김택완, 김태호, 최민지, 정효연, 김현학)
CTP 출력 및 인쇄 · 제본 · 이든미디어

• 책값은 뒤표지에 표시되어 있습니다.
• 잘못된 책은 구입한 서점에서 바꿔드립니다.

ISBN 979-11-91994-17-9(13590)

세상에서 가장 용감한 고양이 '까치'

동물 병원 블랙리스트 까치. 예쁘다고 만지는 사람들 손을 마구 물고 할퀴며 사나운 행동을 일삼아 못된 고양이로 소문이 났지만, 사실 까치는 누구보다도 사람들을 사랑하는 고양이예요. 사람들과 친해지고 싶은 마음에 주위를 뱅뱅 맴돌지만, 정작 손이 다가오는 순간에는 너무 무서워 할퀴고 보는 까치.

그러던 어느 날, 사람들에게 미움만 받고 혼자 울고 있는 까치에게 한 아저씨가 다가와 손을 내밀었어요. "만져도 되겠니?"라는 말과 함께 천천히 기다려준 그 아저씨는 "인생은 가까이에서 보면 비극이지만, 멀리서 보면 코미디란다"라는 말만 남기고 휑하니 가버리는 게 아니겠어요?

울고 있던 겁 많은 고양이 까치는 아저씨 말에 마지막으로 한 번 더 용기를 내보기로 했어요. 용기를 내 '용감'하게 사람들에게 다가가 마음을 표현하기로 결심했죠. 그래도 아직은 무서우니까, 용기를 잃지 않기 위해 아저씨가 입던 옷과 똑같은 옷을 입고 길을 나섭니다. '인생은 코미디'라는 말처럼, 사람들에게 코미디 같은 빵 뚫리는 즐거움을 줄 수 있는 뚫어뻥 마법 지팡이와 함께 말이죠.

과연 겁 많은 고양이 까치는 세상에서 가장 용감한 고양이가 될 수 있을까요? 세상에서 가장 용감한 고양이 까치의 여행을 함께 응원해주세요!

〔CONTENTS〕

봄 春

여름夏

가을 秋

겨울 冬

면역 반찬 飯饌

보양차 茶

〔PROLOGUE〕

제가 세상에서 가장 좋아하고 또 무서워하는 말이 '지금 내가 먹는 것이 곧 내가 된다'라는 말입니다.

많은 분들의 건강을 체크해야 하는 한의사이기에 이 말이 더 가깝고도 두렵게 다가오는 걸지도 모르겠습니다. 하지만 내원하신 분들과 상담을 거듭하며 얼마나 많은 분들이 이 간단한 사실을 망각하고 계시는지 알게 될 때마다 전문가로서의 걱정과 안타까움, 내가 어떻게 하면 더 많은 도움을 드릴 수 있을까 하는 고민, 급기야 한의사로서 드는 죄책감과 사명감까지 느끼게 됩니다.

이 책은 이러한 복합적인 감정과 고민을 담아 만든 책입니다.

의학이 눈부시게 발전해 100세 시대가 되었습니다. 하지만 의학은 마지막 30년을 병원에서 보내게 하며 수명을 연장하는 쪽으로 더 발전해왔습니다. 건강하게 100세 살기는 인류가 한번도 생각해보지도, 가보지도 않은 길입니다. 우리는 '건강 100세 시대'라는 가보지 않은 길을 지도도 없이 가고 있는 셈입니다. 그런데 사회는 이를 실현할 방법을 잘 알지 못합니다. 사회 또한 처음 경험하는 것이니까요. 이러한 상황에서 세계가 스스로 치료하는 셀프메디케이션(self-medication)을 강조하고 있습니다. 마지막 30년간 집에서 걸어 다닐 것인가, 병원에서 30년 동안 누워 있을 것인가? 결국 우리 스스로 자신의 건강에 대해 바르게 알고 미리 준비해야 행복하게 살 수 있습니다.

아무리 최고의 한의사가 지은 최고의 한약을 먹는다고 해도 혹은 고함량 영양제를 복용한다고 해도 평소 식습관이 좋지 않으면 결국 밑 빠진 독에 물 붓는 격이며, 일시적인 해결책에 지나지 않습니다. 이는 한방이든 양방이든 똑같습니다. 증상이 나타났을 때 '치료'를 하는 것도 중요하지만, 그 전에 몸이 계속 건강한 상태에 있도록 '유지'하며 병을 '예방'해주는 평소 식습관이 더욱 중요합니다. 쉽게 말해, 우리 몸을 바이러스와 독소에 맞서 언제나 승리하는 장군으로 만들어야 합니다.

우리 몸은 세포로 이루어져 있습니다. 각자가 하는 일은 모두 다르지만 각각의 작은 세포가 모여 눈과 귀, 팔다리, 몸통, 머리를 구성합니다. 우리 몸이 작동하는 원리는 아주 간단합니다. 이 세포가 건강하면 건강한 몸이 되고, 반대로 세포가 병들거나 늙으면 노화나 암 등의 질병이 진행됩니다. 결국 음식을 먹는다는 것은 우리 몸속 세포에 밥을 주는 행위라는 것을 반드시 기억해야 합니다. 세포가 좋아하는 건강한 음식을 먹으면 세포는 춤을 추며 여러분에게 건강을 줄 것이고, 그렇지 않은 음식을 먹는다면 노화와 질병을 줄 것입니다.

그렇다면 어떤 음식과 식품을 먹어야 할까요? 무작정 건강하고 신선한 음식을 먹으면 될까요? 물론 가공식품이나 설탕 등 좋지 않은 음식을 먹는 것보다는 좋겠지만, 100세밖에 살지 못하는 우리는 좀 더 지혜롭고 현명하게 '더 좋은 것'을 '제대로' 먹을 필요가 있습니다.

같은 식품이라도 어떤 식품과 만나는지, 어떻게 요리하는지에 따라 활성화되는 영양 작용이 천차만별입니다. 그뿐만 아니라 각각의 식품에는 우리가 모르고 지나쳤던 중요한 영양소와 효능이 숨어 있을 수도 있습니다. 따라서 건강한 음식을 먹더라도 전문가의 도움을 받아 제대로, 더 건강하게 먹어야 합니다. 그리고 여기에 한국인의 체질을 가장 잘 아는 한방을 곁들이면 가히 최고의 식탁이라 부를 수 있는 보양 밥상·면역 밥상이 탄생합니다.

그래서 이 책을 집필하기로 마음을 먹었습니다. 그 과정이 그리 간단하지만은 않았지만, 단 한 분의 독자라도 제 레시피로 건강한 생활을 영유하실 수 있다면 그것만으로도 매우 영광스럽고 의미 있는 일이 아닐까 하는 생각으로 임했습니다.

기력을 회복하고 진액을 보충하며 몸의 에너지를 충전해 면역력을 끌어올릴 수 있는 식재료와 레시피만 담으려 노력했습니다. 호흡기 질환이 극심해지는 봄에는 폐와 기관지 건강을 위한 레시피를, 더위에 기력이 부족해지는 여름에는 몸을 보하고 식중독을 예방할 수 있는 레시피를, 감기로 고생하는 가을에는 면역력을 높이는 레시피를, 낙상 사고와 컨디션 난조가 우려되는 겨울에는 관절과 뼈 건강을 위한 레시피를 주로 담았습니다. 나트륨과 탄수화물 함량을 조절했기에 고혈압이나 당뇨 등 만성질환을 앓고 있는 분들도 부담 없이 드실 수 있는 레시피입니다.

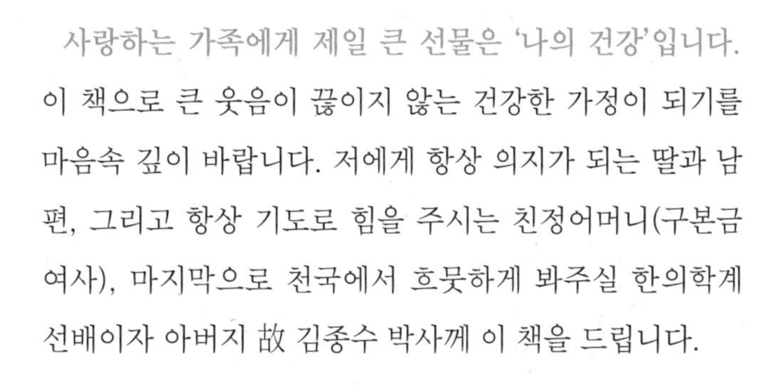
사랑하는 가족에게 제일 큰 선물은 '나의 건강'입니다. 이 책으로 큰 웃음이 끊이지 않는 건강한 가정이 되기를 마음속 깊이 바랍니다. 저에게 항상 의지가 되는 딸과 남편, 그리고 항상 기도로 힘을 주시는 친정어머니(구본금 여사), 마지막으로 천국에서 흐뭇하게 봐주실 한의학계 선배이자 아버지 故 김종수 박사께 이 책을 드립니다.

면역력은 무엇인가

우리가 사는 이 시대에 '면역력'은 아주 강력한 키워드가 되었습니다. 면역력이라는 건 도대체 뭘까요? 쉽게 말하면 외부에서 세균이나 독소가 침범했을 때 이를 물리칠 수 있는 저항력이라고 할 수 있습니다. 나쁜 세균이 우리 몸에 들어오면 면역 체계가 활성화되고, 곧이어 면역 세포가 유해한 외부 물질과 세균을 물리치는 일련의 활동을 하죠. 외부 위험 요소가 면역력보다 강할 경우에는 몸이 균에 지배당하기도 합니다. 흔하게는 염증과 발열 증상이 나타나기도 하고, 심각한 경우에는 패혈증으로 이어져 생명을 위협할 수도 있습니다.

그러나 면역력을 단순히 세균이나 바이러스에 대항하는 힘으로만 해석하기에는 아쉬운 점이 있습니다. 면역력이 좋다고 하면 건강하고 병들지 않은 신체를 떠올리기 마련인데, 현대인을 병들게 하고 사망하게 하는 원인은 세균이나 바이러스 감염보다는 암, 심혈관 질환, 뇌혈관 질환, 당뇨 등 성인병, 만성질환과 더 관련이 깊기 때문입니다. 그러니 면역력이 건강 수명을 늘리는 힘이라고 생각한다면 이런 만성질환에 대항하는 신체의 힘도 면역력의 일부라 생각하고 좀 더 넓은 범위에서 면역력을 강화하기 위한 노력을 기울여야 합니다.

어떻게 하면 면역력을 최고로 끌어올릴 수 있을까요? 여기에는 기본적으로 네 가지 원칙이 있습니다.

1. 땀이 나는 강도로 하루 30분 운동
2. 체온을 올려주는 반신욕
3. 최소 7시간의 숙면
4. 내 몸에 맞는 바른 식생활

1번부터 3번까지 내용은 면역 시스템의 핵심 장기인 림프계의 순환과 관련 있습니다. 이 내용에 대해서는 제 유튜브 채널에서 'H면역력'이라고 검색하면 확인할 수 있습니다. 이 책을 통해서는 4번, '내 몸에 맞는 바른 식생활'에 대한 이야기를 자세하고 깊이 풀어보려 합니다.

그럼, 하루에 최소 세 번에서 간식까지 포함하면 최대 네다섯 번 이루어지는 섭취 행동 시 면역력을 높이기 위해 반드시 해야 할 것과 피해야 할 것을 살펴보겠습니다.

면역력 높이는 행동 10가지

① 충분한 수분을 섭취하라

물은 우리 몸에서 열을 잡아주고 노폐물을 배출하는 데 핵심적인 역할을 합니다. 또 혈액 양을 늘리고 림프 순환을 돕기 때문에 림프계 면역을 증강시킵니다. 주스나 커피 등으로 섭취하는 수분은 제외하고 순수한 물, 미지근한 물로 하루 1~1.5L 정도 마시는 것이 좋습니다. 또 식사 직전, 직후, 식사 중 물을 마시면 소화액을 희석시켜 좋지 않으니 최소 1시간 사이를 두고 100~200ml씩 나눠서 마시는 것이 좋습니다. 특히 아침에 일어나 공복일 때 물을 300ml 정도 마시면 밤 동안 쌓인 노폐물을 배출하고 몸을 깨워 하루를 산뜻하게 시작할 수 있습니다.

② 숙면을 돕는 음식을 섭취하라

충분한 수면은 면역력과 아주 깊은 관계가 있습니다. 숙면에 도움을 주는 영양소는 수면 호르몬 멜라토닌의 재료인 트립토판과 멜라토닌의 생성을 돕는 비타민 D입니다. 이를 섭취하기 위해서는 주 2~3회 생선 요리를 식탁에 올리고 매 끼니 적당한 단백질이 포함된 식사를 하는 것이 도움이 됩니다. 숙면을 돕는 차를 이용하는 것도 좋습니다. 한방에서는 영지, 복령, 대추처럼 심신 안정에 도움을 주는 본초를 차로 우려 마시는 것을 권장합니다. 또 평소 깊은 수면을 취하지 못하는 분이라면 저녁 식사 때 매운 음식을 피하고 오후 2~3시 이후에는 카페인이 함유된 음료(커피·녹차·홍차·에너지 드링크)를 피하시길 바랍니다.

③ 소화가 느린 탄수화물을 섭취하라

소화 흡수가 빨라 혈당을 빠르게 올리는 탄수화물은 혈액을 끈적하게 만들고 몸을 산화해 면역력을 떨어뜨립니다. 반면 소화가 느린 탄수화물은 대체로 식이 섬유 및 다양한 미량영양소를 포함한 경우가 많아 면역력을 높일 수 있죠. 소화가 느린 탄수화물은 현미, 통밀 등 도정하지 않은 거친 곡류와 껍질째 먹는 과일 등이라는 것, 다들 알고 계실 겁니다. 이외에도 탄수화물 흡수율을 절반 가까이 낮출 수 있는 저항성 전분을 활용하는 것도 도움이 됩니다. 흰밥이나 빵 등 탄수화물 식품을 냉장고에 하루 보관하는 것만으로도 저항성 전분 함량을 늘릴 수 있습니다. 자세한 내용은 제 유튜브 채널에서 'H저항성전분'이라고 검색해보세요.

④ 삶거나 찌는 조리법을 사용하라

삶거나 찌는 방법은 조리 온도가 100℃를 크게 넘지 않기 때문에 영양소가 파괴될 확률이 낮아집니다. 따라서 몸에 필요한 무기질이나 비타민을 효율적으로 섭취할 수 있는 조리법입니다. 게다가 삶거나 쪄서 만든 요리는 수분감도 많고 부드러워 소화하기 편합니다. 반면 튀기거나 볶는 요리는 쉽게 150℃를 넘깁니다. 그러면 영양소가 파괴될 가능성도 높고 식품 속 지방산이나 당류 등이 고온에서 다른 물질과 화학반응을 해 발암물질 등으로 변하는 경우가 있어 인체가 공격을 받게 됩니다.

⑤ 음식은 미지근할 때 섭취해라

한국 사람들은 뜨거운 음식을 참 좋아합니다. 국이나 찌개 문화를 보면 알 수 있죠. 하지만 혀가 데일 정도로 뜨거운 음식은 식도암 발병 위험을 높인다는 보고가 있습니다. 또 음식 온도가 높으면 짠맛과 단맛이 덜 강하게 느껴지는 경향이 있어 더 짜고 달게 먹을 수도 있습니다. 따라서 국과 찌개 등 평소 뜨겁게 먹던 음식은 한 번 끓여낸 뒤 살짝 식혀서 먹는 것이 좋습니다. 또 요즘 머리가 쨍하게 차가운 음료나 디저트를 즐기는 분도 많습니다. 찬 음식도 단맛이 덜 강하게 느껴지기 때문에 당분을 많이 섭취하게 할 뿐만 아니라 소화효소의 활동을 억제하고 전반적인 위장 기능을 떨어뜨립니다. 더불어 체온이 떨어지면서 면역 기능이 저하되게 만들기도 하죠. 따라서 되도록이면 따듯하거나 미지근한 온도로 음식을 먹는 것이 좋겠습니다.

⑥ 눈에 보이지 않는 것을 세척하라

과일이나 채소 등을 구매할 때 잔류 농약이나 광택제 등 눈에 보이지 않는 화학물질에 대한 걱정을 해보신 적이 있을 겁니다. 농약 같은 화학물질이 과실에 남는 양은 실제로 밭에 뿌려지는 양에 비해 생각보다 많지 않습니다. 하지만 완전히 사라지지 않는다는 점에서 이를 최대한 제거하고 먹는 것이 바람직합니다. 식약처에서 권고한 식품 세척법을 간단히 알려드리면 채소나 과일용 세제를 푼 물에 채소, 과일을 넣고 저어준 후 5분간 담가 둔 다음 흐르는 물에 30초 정도 헹궈서 사용합니다. 잔류 농약뿐 아니라 각종 식중독 균과 바이러스를 제거하는 방법이기도 합니다.

⑦ 단순한 음식을 구매하라

단순한 음식은 뭘까요? 쉽게 설명하면, 여러분이 마트에서 장을 볼 때 들어 올린 식품의 원재료명에 정체를 모르는 첨가물이 없다면 그것을 단순한 음식이라고 표현해도 좋습니다. 유통되는 대부분의 가공식품(냉동식품·햄·라면·과자·소스 등)을 살펴보면 원재료명에 기능을 예상조차 하기 어려운 첨가물이 많은 것을 알 수 있습니다. 물론 식품에 넣어도 좋다고 허가를 받은 것들이지만, 이러한 첨가물 중에는 발암 가능성이 있거나 다른 문제를 일으킬 소지가 있는 것도 있습니다. 대표적인 것이 가공육 발색제인 아질산나트륨이죠. 식품첨가물을 식약처에서 허가한 만큼 극소량을 섭취하는 것은 문제가 되지 않겠지만, 경계심 없이 자주 섭취한다면 성인병 발병 위험을 높입니다. 실제로 가공식품을 많이 섭취한 사람들이 대장암을 비롯해 다양한 성인병 발병 위험이 높다는 연구가 많다는 걸 기억하고 원재료가 단순한 식품을 구매하시길 바랍니다.

⑧ 한 끼에 최소 10가지 재료를 담아라

최소 10가지 재료를 담으라는 것은 반찬을 10개 만들라는 의미가 아닙니다. 쌀과 함께 3가지 잡곡을 넣은 밥은 4가지 재료가 담긴 음식입니다. 당면, 소고기, 시금치, 당근, 버섯이 들어간 잡채는 5가지 재료가 들어간 음식이죠(마늘이나 소금 등 소량 사용하는 재료는 제외합시다). 잘 만든 반찬 2~3개와 잡곡밥, 그리고 국 하나면 최소 10가지 재료를 담은 한 끼 식단이 됩니다. 이렇게 다양한 식품을 섭취하라고 강조하는 이유는 무엇일까요? 특정 영양소가 부족해지는 상황을 최대한 피하기 위해서입니다. 바쁘거나 입맛 없다고 떡이나 고구마, 과일 등으로 한 끼 해결한 적이 많죠? 이런 경우 특정 무기질과 비타민이 결핍되기 쉽고, 이것이 장기화되면 피로감과 노화 촉진, 면역력 저하 등의 문제로 이어질 수 있기 때문입니다.

⑨ 항산화 식품을 간식 삼아라

적정 체중을 유지하는 것도 면역력 유지에 매우 중요한 역할을 합니다. 비만한 경우 각종 성인병이 발병할 위험도 높아지고 면역 시스템이 약해져 작은 병도 큰 병으로 키우게 됩니다. 적정 체중을 유지하는 데 방해가 되는 것이 간식입니다. 실제로 다이어트를 위해 내원하시는 분들을 상담하다 보면, 간식이 문제인 경우가 많습니다. 간식을 아예 끊기 어렵다면 몸에 이로운 것으로 대체하는 노력이 필요합니다. 몸을 지키는 항산화 물질이 많은 식품으로 채우면 간식의 역할을 긍정적으로 역전시킬 수 있습니다. 하루 1줌의 견과류와 더불어 1~2컵 분량의 껍질째 먹는 과일, 그리고 다양한 채소면 충분합니다.

⑩ 기름은 용도에 맞게 사용하라

참기름, 들기름, 올리브 오일, 버터 등 집 안에 최소 한 종류 이상의 기름을 두고 사용하실 겁니다. 기름은 성분과 풍미, 특성에 맞게 사용해야 몸에 이로운 지방산을 충분히 섭취할 수 있고 음식의 풍미 또한 극대화됩니다. 발연점이 낮아서 쉽게 타는 기름은 샐러드, 무침, 저온에서 가볍게 볶는 용도로 사용해야 하고, 발연점이 높은 것은 튀기거나 볶는 용도로 사용해야 합니다. 가정에서 주로 사용하는 기름 중 가볍게 볶거나 열을 가하지 않고 사용해야 하는 것은 참기름, 들기름, 코코넛 오일이 있습니다. 그 외에는 대부분 볶거나 튀기는 용도로 사용해도 좋습니다. 단, 발연점이 높은 기름이라도 되도록 조리 온도가 200℃를 넘기지 않도록 유의해주시기 바랍니다.

면역력 망치는 행동 10가지

① 상한 재료를 아까워하는 것

냉장고에 식재료를 넣어두고 잊고 지내다 아깝게 썩혀버린 적이 있을 겁니다. 초록 싹이 나기 시작한 감자, 유통기한이 한참 지난 견과류, 마르고 색이 변해버린 육류 등 '냉장고에 있었으니 먹어도 되지 않을까?', '상한 부분만 잘라내고 먹으면 되지 않을까?' 고민한 적이 많을 겁니다. 이제는 고민하지 말고 과감히 버리시길 바랍니다. 초록 싹이 나기 시작한 감자에는 솔라닌이라는 독이 있고, 육류 표면에 번식하는 식중독 균은 냉동 온도에서도 느리지만 번식합니다. 오래된 견과류, 건과일, 곡류, 옥수수 등에는 곰팡이에 의해 생성된 아플라톡신이라는 발암물질이 존재할 수 있습니다. 아플라톡신은 200℃로 가열해도 파괴되지 않는 물질로 간암을 유발하기 때문에 매우 위험합니다.

② 자극적인 음식을 끊지 못하는 것

맵고 짜고 기름진 음식의 문제점은 익히 들어 알고 계실 겁니다. 위장을 자극하고 혈액을 탁하게 만들며 혈압을 높이기도 합니다. 또 대체로 칼로리가 높기 때문에 비만으로 이어지게 하죠. 실제로 가공육이나 젓갈같이 염분 농도가 높은 식품은 헬리코박터균의 감염률을 높여 위암 발병 가능성 또한 높입니다. 또 기름진 음식, 특히 튀긴 음식은 고온에서 산화된 지방산 섭취 가능성이 높아 몸을 산성화하고 염증을 유발합니다. 지나치게 매운 음식은 위벽을 자극하고 설사를 유발하죠. 이런 음식은 대체로 장내 유익균을 감소시키고 유해균을 증가시켜 장 면역력을 떨어뜨리기도 합니다. 삼삼한 음식은 맛이 없다고 느끼겠지만, 음식의 간을 조금씩 약하게 하다 보면 입맛도 머지않아 적응하니 한 걸음 한 걸음 자극적인 음식과 멀어지기 위한 노력을 시작해보시길 바랍니다.

③ 당분이 가득한 음식에 둔감한 것

암, 당뇨, 이상지질혈증, 비만, 비알코올성 지방간 등 성인병의 대부분은 지나친 당분 섭취와 관련이 깊습니다. 이를 아는 분들은 달달한 음식을 경계하지만, 한 가지 더 알아두어야 할 것이 있습니다. 당분이 많지만 그리 달다고 느껴지지 않는 음식이죠. 담백한 빵, 양념 육류, 착즙 주스, 샐러드 드레싱 등입니다. 단맛이 강한 쿠키나 케이크가 아닌 식빵에도 생각보다 많은 설탕이 들어갑니다. 또 짠맛 또는 매콤한 맛에 가려져 있는 갈비나 제육볶음의 양념에도 설탕이 많이 들어가죠. 설탕을 첨가하지 않은 착즙 주스는 어떨까요? 착즙 주스는 과일에서 당분과 수분만 빼낸 것이라고 해도 과언이 아닙니다. 그 외에 다양한 샐러드 드레싱과 가공식품에 동봉된 소스에는 대부분 적지 않은 양의 설탕이 들어갑니다. 그리 달지 않은데도 말이죠. 그러니 혀로 당분이 많은 음식을 구분하기보다는 식품 표시 사항을 확인해 당류 함량이 낮은 음식을 선택하시길 바랍니다.

④ 몸에 좋다면 과잉 섭취하는 것

과유불급, 몸에 좋은 식품이라도 지나치게 많이 섭취하면 불균형을 초래해 오히려 건강에 해가 될 수 있습니다. 특히 몸에 좋다는 영양제를 여러 가지 구비해두고 5~6개씩 챙겨 먹는 분들이 있습니다. 하지만 중복되는 영양소가 생겨 의도치 않게 과잉 섭취하게 되거나 서로 충돌해 흡수율을 떨어뜨린다거나 결석이 생기게 하는 등 다양한 부작용을 초래할 수 있습니다. 예를 들어 종합 비타민과 칼슘제를 따로 구매해 먹는 경우, 칼슘 총 섭취량이 과잉되어 결석을 만들고 혈관을 굳게 할 수도 있습니다. 또 칼슘이 종합 비타민에 있는 철분의 흡수율을 떨어뜨리기도 하죠. 몸에 좋은 음식이나 건강 보조 식품이 제 역할을 하기 위해서는 단시간에 많은 양을 먹는 것이 아니라 전문가의 도움을 받아 먼저 내 몸에 맞는지 알아보고 '꾸준히' '적정량'을 복용하는 것이 중요합니다.

⑤ 습관적으로 과식하는 것

습관적인 과식은 위장에 부담을 주어 소화력을 떨어뜨리고 각종 성인병을 유발합니다. 특히 문제가 되는 것이 복부 비만입니다. 단시간에 많은 양의 음식물을 섭취하기 때문에 혈당이 빠르게 올라가는데, 이것이 특히 내장 지방을 키우는 데 영향을 미치기 때문입니다. 지나치게 축적된 내장 지방은 염증을 유발하고 당뇨병, 고지혈증 등 다양한 만성질환과 관련이 깊습니다. 습관적 과식을 중단하기 위해서는 먼저 의식적으로 식사 속도를 조절하는 것이 중요하며, 식사 전에 오이나 토마토 같은 열량이 낮은 자연식품으로 공복감을 일부 해소하는 것이 도움이 될 수 있습니다.

⑥ 상습적으로 음주하는 것

매일 1~2잔씩 반주를 하는 분들 중에는 이 정도로 조금씩 마시는 것은 괜찮다, 혹은 건강에 이롭다고 생각하는 경우가 있습니다. 하지만 안타깝게도 적은 양이라 해도 지속적인 음주는 심방세동(심장이 미세하게 떨리는 것) 증상을 유도할 확률을 높입니다. 심방세동은 심장의 기능을 약화해 고혈압 등의 문제를 일으킬 수 있습니다. 알코올 섭취량이나 횟수가 늘어나면 당연히 발병률도 높아집니다. 그뿐만 아니라 알코올은 심장 외에도 간, 식도 등 온몸의 암 발병률을 높이는 독성 물질입니다. 따라서 되도록이면 금주를 하고 불가피한 술자리에서는 아래 가이드라인 내에서 드시길 바랍니다.

일주일 동안

남자 맥주 4캔(1캔 당 500ml) 또는 소주 1병

여자 맥주 2캔(1캔 당 500ml) 또는 소주 ½병

※ 미국국립보건원의 가이드라인을 인용해 국내의 한 연구 팀이 제안한 내용입니다.

⑦ 허가되지 않은 산이나 들에서 채취하는 것

건강에 대한 관심이 높아지고 약초에 대한 지식이 조금 쌓이면 근처 산과 들에서 약초를 직접 구해서 섭취하는 분들이 있습니다. 반드시 문제가 된다고 볼 수는 없지만, 매년 독이 있는 식물을 약초로 오인해 섭취하거나 각종 화학물질에 노출된 약초를 무분별하게 섭취해 오히려 건강을 해치는 사례가 발생하고 있습니다. 특히 허가받지 않은 산이나 들에서 채취를 하면 살충제, 농약, 중금속 등 해로운 물질에 노출되어 섭취하지 말아야 할 약초를 채취하게 될 가능성이 높고, 사유지 침해 문제도 발생합니다. 따라서 정말로 건강을 생각한다면 직접 채취하기보다는 믿을 만한 판매처에서 잘 가공한 약초를 구매하시는 것을 권합니다.

⑧ 극단적인 식이요법을 지속하는 것

저탄고지, 채식, 간헐적 단식, 덴마크 다이어트 등 몸에 좋고 체중 감량에도 도움이 된다는 식이요법을 많이 접해보셨을 겁니다. 이런 식단이 추구하는 가치와 효과에 대한 근거가 100% 잘못되었다고 할 수는 없지만, 탄수화물을 완전히 배제한 식단, 어육류가 전혀 없는 채식, 장기적인 초저칼로리 식단은 분명 문제가 있습니다. 이러한 식단이 체질에 맞아 건강 문제가 해결되었다는 사례도 일부 있지만, 그 결과를 보편화하기에는 근거와 모수가 매우 부족합니다. 반면 극단적으로 치우친 식단의 부작용을 설명하는 과학적 논리와 부작용을 경험한 사례는 많습니다. 극단적인 식이요법은 내밀히 살펴보면 빠르게 몸을 변화시키고 싶은 욕망을 자극하는 면이 있습니다. 하지만 대부분의 정도(正道)는 항상 시간과 노력을 요구하죠. 느리고 진부한 길 같아도 좋은 것을 적당히 먹는 습관을 하루하루 쌓아가는 것이 중요하다는 사실을 잊지 마시길 바랍니다.

⑨ 손을 씻지 않고 식사하는 것

변기보다 세균이 많은 것이 손과 항상 쥐고 있는 휴대폰이라는 사실, 알고 계신가요? 손안에는 보이지 않을 뿐 대장균부터 각종 문제를 일으킬 수 있는 바이러스가 바글바글합니다. 이런 손을 씻지 않고 식사한다는 것은 아주 비위생적인 행동입니다. 혹 '손을 씻지 않고 식사해도 난 괜찮았는데?'라고 생각하신다면 그것은 위에서 분비되는 소화액 덕에 꽤 많은 균이 사멸하기 때문입니다. 하지만 면역력이 약해지거나 스트레스를 받거나 적은 양으로도 치명적인 균이 유입된다면 장담할 수 없습니다. 보이지 않는다고 방심하지 말고 작은 규칙을 지킴으로써 면역력 장벽을 더 견고히 합시다.

⑩ 흡연을 하는 것

담배를 기호 '식품'이라고 표현하기도 하지만, 식품이라는 범주에 넣기에는 단점이 많습니다. 사실 저는 담배를 백해무익(百害無益)이라 표현하고 싶습니다. 기관지와 폐에 직접적으로 작용해 기침과 가래가 끓게 하고 폐를 건조하게 만들어 공기를 통해 유입되는 각종 바이러스에 대한 면역력을 크게 떨어뜨립니다. 그뿐만 아니라 체내에 만성 염증을 유발해 몸 상태를 위염, 장염, 관절염 등 각종 염증에 취약하게 만듭니다. 더 나아가 암 발병률까지 높이는 것이 담배입니다. 한번에 끊기 어렵다면 흡연량을 줄이는 것만으로도 암 발병률을 낮출 수 있다고 하니 작은 한 걸음부터라도 시도해보시길 바랍니다.

계절별 면역력 향상을 위해, 환절기 감기와 미세 먼지로 인한 호흡기 질환이 걱정되는 봄에는 폐와 기관지 보호를, 더위로 인한 탈진과 식중독 예방이 중요한 여름에는 위장 보호를, 건조한 기후와 차가워지는 날씨가 특징인 가을에는 피부 건강과 감기 예방을, 일조량이 줄어들고 낙상 사고가 빈번한 겨울에는 관절 및 뼈 건강을 특히 더 신경 쓰고, 그에 맞는 식재료와 레시피를 활용해 요리해야 합니다.

계량법

1스푼

일반적으로 가정에서 사용하는 밥숟가락으로 뜬 양을 의미합니다. 숟가락 위로 수북이 쌓인 재료는 깎아서 계량합니다.

1티스푼

커피를 탈 때 사용하는 작은 티스푼을 의미합니다. 숟가락 위로 수북이 쌓인 재료는 깎아서 계량합니다.

1컵

200ml짜리 종이컵으로 계량합니다.

500ml

대략 2+½컵을 의미합니다. 생수 등을 마시고 남은 500ml 페트병을 활용하는 것도 좋습니다.

식재료 보감

1. 마늘

마늘의 알싸하고 매운맛을 내도록 하는 알리신이라는 성분은 혈관 속 혈전을 없애주고 혈관을 튼튼하게 해주는 역할을 합니다. 마늘은 익혀 먹는 것이 좋은데, 마늘을 익히면 S-알리시스테인이라는 강력한 항산화 성분이 생성되기 때문입니다. 이 성분은 생마늘보다 삶은 마늘에 약 4배 더 많이 함유돼 있습니다.

2. 생강

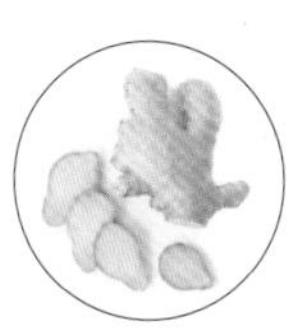

대표적인 효과는 해독 작용과 위장을 튼튼하게 하는 건위(健胃) 작용입니다. 이외에도 몸속 냉기를 제거하고 만성 염증 완화, 당뇨, 고혈압 등 대사증후군 증상을 완화하는 데 도움이 됩니다. 주의할 것은 위궤양, 치질, 고혈압이 있는 분은 한 번에 너무 많은 양을 복용하면 좋지 않고, 체질에 따라 빈속에 복용하면 속쓰림, 복통, 설사를 유발할 수 있다는 것입니다.

3. 양파

양파의 퀘르세틴은 혈관에 지방이 쌓이는 것을 방지해 혈관 건강에 긍정적인 역할을 합니다. 또 양파에는 항균 작용과 더불어 혈액순환 개선에 도움을 주는 황화알릴이 있습니다. 황화알릴은 가열하면 쉽게 사라지므로 생으로 먹는 것이 효능을 극대화할 수 있으나 공복에 먹을 경우 위장 장애를 일으킬 수 있으니 주의하시길 바랍니다.

4. 무

무의 매운 성분은 가래를 쉽게 배출할 수 있게 도와주기 때문에 목감기 완화에 좋습니다. 또 무에는 소화를 도울 수 있는 디아스타아제라는 탄수화물 분해 효소가 있는데, 열을 가하면 파괴되기 때문에 이 효능을 보려면 생으로 먹는 것이 좋습니다.

5. 부추

부추는 옛 의서에서 '간의 채소'라고 해서 매일 먹으면 좋다고 할 만큼 간 기능 강화에 도움이 되는 식품입니다. 약성이 맵고 달고 따뜻해서 소화기인 비위를 돕는 식품이기도 합니다. 영양학적으로 보자면 부추에서 나는 독특한 향인 황화알릴은 소화와 혈액순환을 돕는 역할을 해서 배가 차서 자주 아프거나 손발이 찬 사람에게 좋습니다. 그뿐만 아니라 비타민 A로 전환되는 카로틴 성분이 녹황색 채소 중에서도 풍부합니다.

6. 미나리

피를 맑게 하는 청혈(淸血) 작용에 좋은 채소입니다. 이는 캠페롤, 퀘르세틴 등 다양한 플라보노이드 성분과 식이 섬유 덕분입니다. 이 성분들이 콜레스테롤을 흡착해 체외로 배출하는 역할을 합니다. 또 대표적인 알칼리성 식품으로 몸이 산성화되는 것을 막아줄 수 있습니다.

7. 깻잎

깻잎에는 비타민, 무기질이 풍부하게 함유되어 있습니다. 깻잎 100g에는 칼슘이 211mg이나 들어 있는데, 칼슘의 보고인 우유의 2배, 시금치의 5배 정도 되는 양입니다. 체내에서 비타민 A로 전환되는 베타카로틴도 당근보다 더 많은 양이 함유되어 있습니다. 그뿐만 아니라 철분, 비타민 C도 풍부한 대표적인 알칼리성 식품입니다.

8. 취나물

취나물은 예로부터 청열해독(清熱解毒, 열을 내리고 독을 없앤다) 효능과 이인(利咽, 인후를 이롭게 한다), 명목(明目, 눈을 밝게 한다) 효능이 있다고 알려져 있습니다. 영양학적으로는 칼륨이 풍부해서 체내 염분 배출을 돕고, 칼슘도 풍부해서 골다공증 환자나 성장기 아이에게 좋습니다.

9. 시금치

시금치는 항산화 물질이자 시력에 관여하는 베타카로틴과 다양한 무기질이 풍부한 식품입니다. 베타카로틴은 지용성으로 기름과 함께 섭취하면 좋기 때문에 기름에 볶거나 증기로 찐 다음 참기름 등으로 버무리는 것이 영양소 흡수에 좋습니다. 주의할 점은 결석을 형성하는 칼슘과 옥살산이 많은 식품으로 신장 질환이 있거나 결석이 잘 생기는 체질이라면 섭취를 피하거나 끓는 물에 1분 이상 데쳐 옥살산을 어느 정도 제거한 후 드시는 것을 권장합니다.

10. 고추

고추는 의외로 비타민 C가 많은 식품으로 과일 중에서 비타민 C 함량이 으뜸인 딸기의 4배나 됩니다. 고추를 50g만 섭취해도 하루 필요 섭취량(100mg)을 모두 채우게 됩니다. 비타민 C는 칼슘과 철분 등 일부 무기질의 흡수를 도와주는 역할을 하므로 칼슘이나 철분이 풍부한 음식을 먹을 때 함께하면 좋습니다. 또 매운 고추에 들어 있는 캡사이신은 신진대사를 촉진해 혈액순환을 돕고 칼로리를 소모시켜 다이어트에도 도움이 됩니다.

11. 달래

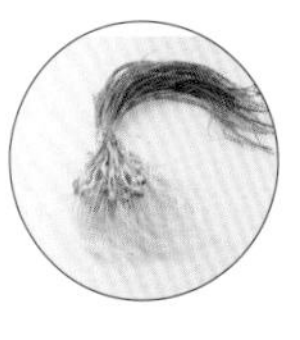

달래는 혈액순환을 촉진해 피로 해소에 좋고, 남성호르몬 분비를 도와 활력을 되찾아주기도 합니다. 《동의보감》을 보면 '성질이 따뜻하고 맛은 매우며 독이 조금 있다. 속을 데우고, 음식을 소화시키며, 곽란(癨亂, 음식이 체해 토하고 설사하는 급성 위장병)으로 토하고 설사하는 것을 멎게 한다'라고 적혀 있습니다. 성질이 따뜻해 몸이 차서 생기는 요통에도 효능이 있습니다.

12. 더덕

《동의보감》에 따르면 더덕은 위를 튼튼하게 해주고 가래를 없애준다고 쓰여 있습니다. 또 더덕의 씁쓸한 맛을 내는 하얀색 진액인 사포닌은 혈관 속 노폐물과 나쁜 콜레스테롤을 녹여 혈관을 보호하고 혈압을 정상 수치로 회복하는 데 도움을 줍니다.

13. 우엉

우엉은 탁해진 혈관을 맑게 하고 불필요한 열, 염증을 없애며 독을 해독하는 데 효과적인 식품입니다. 특히 변비가 심하며 몸이 붓고 순환이 안 되어 살이 찌고 콜레스테롤 수치가 높은 분이 먹으면 좋습니다. 껍질에 사포닌이 많이 함유되어 있으니 깨끗이 씻어 껍질째 먹는 것이 좋습니다.

14. 마

마에 들어 있는 디오스게닌은 몸속에서 여성호르몬이나 남성호르몬으로 변환되어 몸을 활성화하는 작용을 합니다. 따라서 갱년기의 호르몬 감소로 발생하는 각종 증상에 좋은 효능을 기대할 수 있습니다. 이외에도 마의 끈적한 점액 물질인 뮤신은 당단백질로 소화를 돕는 윤활제 역할을 하고, 위 점막 보호 효능이 있어 위궤양, 위산과다 치료에도 쓰입니다. 또 마에 풍부한 콜린은 비타민 B 복합체의 하나로, 지방간 예방 인자로 알려져 각종 지방대사 질환의 치료와 예방에 활용되는 성분이기도 합니다.

15. 도라지

도라지의 가장 중요한 성분인 사포닌은 호흡기 점막의 점액 분비를 늘려 가래를 없애주고 면역력을 높여주며 침 분비를 촉진합니다. 문헌에도 '허로로 객열(客熱, 나쁜 외부 요인이나 병 등으로 몸에 나는 열)이 생긴 것과 입안이 마르고 갈증이 나는 데 주로 쓴다'라고 기록되어 있습니다. 사포닌은 주로 껍질에 들어 있기 때문에 흙만 씻어낸 후 껍질째 먹는 것이 좋으며, 쉽게 상하기 때문에 구매 후 일주일 이내에 먹는 것이 좋습니다.

16. 가지

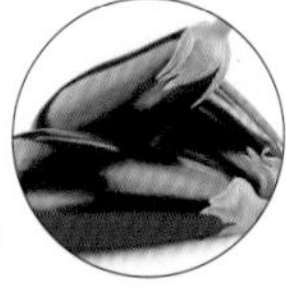

가지가 보라색을 띠는 것은 활성산소를 막는 강력한 항산화제, 안토시아닌 때문입니다. 실제로 실험을 통해 알려진 바에 의하면, 가지의 안토시아닌은 활성산소 제거 능력이 토마토의 3배, 브로콜리의 2배 정도로 높다고 합니다. 이러한 가지의 항산화 성분과 다양한 미량영양소를 효능적으로 섭취하려면 찜기에 12분간 찌는 조리법을 권장합니다.

17. 토마토

토마토에 풍부한 라이코펜은 노화의 원인인 활성산소를 억제하고, 유방암과 전립선암, 소화기계통의 암을 예방하는 데 효능이 있는 것으로 알려져 있습니다. 그뿐만 아니라 라이코펜은 심혈관 질환을 예방하고 혈압을 낮추는 효능이 있어서 혈관 질환 예방에 도움이 됩니다. 라이코펜은 이런 이점 때문에 식품의약품안전처가 '항산화에 도움을 줄 수 있다'는 효능을 인정한 건강 기능 성분이기도 합니다. 라이코펜 흡수율을 높이기 위해서 살짝 익혀 먹는 것이 좋습니다.

18. 비트

비트의 붉은색을 구성하는 베타시아닌과 베타인은 혈관 내 노폐물을 배출하고 혈액의 나트륨과 콜레스테롤 수치를 낮춰 깨끗한 혈액을 만드는 데 좋습니다. 미국 심장학회지 연구 결과에 따르면 '하루 한 잔의 비트 주스를 마시면 혈압 약을 먹는 것과 같은 수준의 효능을 볼 수 있다'고 합니다. 철분도 풍부해서 빈혈이 있는 분이 가까이하면 좋습니다.

19. 오이

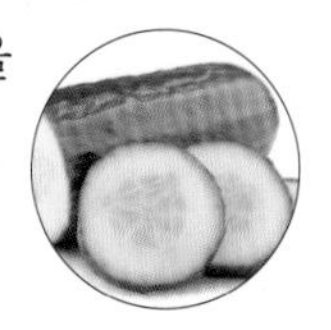

오이의 본초 기온(식품이 가지고 있는 열)은 -2℃로 서늘한 기운을 지니고 있어 더운 여름에 제 역할을 톡톡히 해내는 채소입니다. 몸의 열을 내려줄 뿐만 아니라 100g당 9kcal밖에 되지 않아 다이어트 식품으로도 좋습니다. 또 칼륨 함량이 높아 짠 음식을 먹었을 때 나트륨을 배출하는 데도 좋습니다.

20. 당근

당근은 '호로파(胡蘆巴)'라는 본초명이 있고, 청열해독, 화담지해(化痰止咳, 담을 삭이고 기침을 멈춘다), 건비화중(健脾和中, 비(脾)를 튼튼하게 하고 속을 조화롭게 한다) 등의 효능이 있습니다. 현대 약리학에서는 항산화 성분과 비타민 A가 풍부해서 시력을 유지하고 피부를 보호하며 T 림프구의 생성을 도와 면역 시스템을 증진한다고 봅니다.

21. 자색 당근

주황색 당근과 달리 보랏빛이 도는 당근으로 항산화 물질이 매우 풍부한 것이 특징입니다. 자색 당근은 일반 당근에 비해 폴리페놀이 1.5배, 플라보노이드는 10배, 안토시아닌은 30배 많이 함유하고 있습니다. 국내의 한 연구에서는 혈관 질환 및 암을 유발할 수 있는 활성산소를 없애는 능력이 뛰어나며 혈당 조절에도 도움이 된다는 결과를 발표하기도 했습니다. 자색 당근 속 항산화 물질은 의외로 전자레인지 조리 시 손실이 가장 적으니, 간편하게 전자레인지를 활용하는 것을 추천합니다.

22. 돼지감자

돼지감자 속 이눌린이라는 성분은 장 속 당과 지방의 흡수를 막고 지연시켜 당뇨병과 고지혈증을 완화하는 데 도움을 줄 뿐 아니라 변비 완화에도 효능이 있어 다이어트를 하는 분들에게도 좋습니다. 돼지감자를 따뜻한 물에 우려 차로 마시면 이눌린을 좀 더 효과적으로 섭취할 수 있습니다.

23. 새송이버섯

수용성 식이 섬유인 베타글루칸이 풍부해 식사 중 섭취하면 혈당을 천천히 올리는 데 도움이 됩니다. 또 면역 세포를 활성화하는 기능이 있어 면역력 증진에도 좋습니다.

24. 양배추

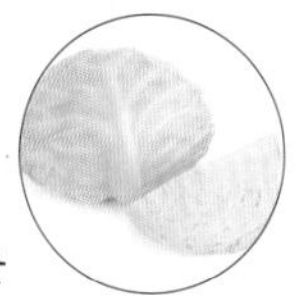

양배추에는 비타민 U와 설포라판이 풍부합니다. 비타민 U는 궤양 치료에 효능이 있으며, 설포라판은 만성 위염의 원인인 헬리코박터 파일로리 균의 활성을 억제하고 위암 발병을 막아줍니다. 볶거나 삶는 것보다는 수증기로 쪄서 먹는 것이 영양소 흡수율을 높이는 데 도움이 됩니다. 단, 장에 가스가 많이 찰 수 있으니 몸 상태에 맞춰 섭취량을 조절하시길 바랍니다.

25. 표고버섯

표고버섯은 한의학적으로 소화를 돕고 부기를 빼며 몸속 독소를 배출하는 효능이 뛰어난 식품으로 봅니다. 또 표고버섯에 풍부한 레시틴이 콜레스테롤 대사를 촉진해 혈압을 정상 수치로 조절해주며 고혈압과 동맥경화 예방에도 도움을 줄 수 있습니다. 게다가 햇볕에 말린 표고버섯은 비타민 D 함량이 높은 농산물로도 유명합니다. 뼈를 튼튼하게 하고 수면의 질을 높이는 비타민 D는 지용성이라 기름에 볶거나 무쳐서 먹으면 흡수율을 더욱 높일 수 있습니다.

26. 콩나물

《동의보감》에 '온몸이 무겁고 저리거나 근육이 쑤실 때 치료제로 쓰이고, 염증을 억제하며 열을 제거하는 효능이 뛰어나다'고 기록되어 있을 정도로 콩나물은 해독 작용과 더불어 뇌를 보호하고 마음을 안정시키는 효능을 발휘합니다. 영양학적으로도 콩나물 속 아스파라긴산이 간 해독에 도움을 주어 숙취 해소에 도움이 된다고 합니다.

27. 들깨

들깨는 연어보다 오메가 3 함량이 200배 높습니다. 옛 의서에는 '성질이 따듯하고 기를 내리며 기침과 갈증을 멎게 하며 폐를 적셔준다'고 되어 있습니다.

28. 옥수수

노란 옥수수에는 눈의 노화를 예방하는 루테인과 제아잔틴이 들어 있습니다. 루테인은 황반변성을 예방하는 데 도움을 주고, 제아잔틴은 자외선으로부터 망막을 보호하고 노화로 인한 안구 질환을 예방하는 역할을 합니다. 또 몸의 에너지 대사 과정 곳곳에서 활약하며 피로감을 해소하는 데 도움을 주는 티아민이 풍부합니다. 다만 칼로리가 낮지 않고 혈당 지수도 높은 편에 속하므로, 비만 또는 당뇨가 있어 관리가 필요한 분은 하루 $\frac{1}{2}$개 정도만 드시는 것을 권장합니다.

29. 밤

후장위(**厚腸胃**)라고 해서 위장을 튼튼하게 하는 효능이 있습니다. 속이 냉하고 설사를 자주 하는 분이 드시면 좋습니다. 또 보신기(**補腎氣**)라고 해서 신장 기능을 보해줌으로써 근육을 튼튼하게 하는 역할을 합니다. 게다가 피를 잘 돌게 하고, 어혈(瘀血)을 풀어주는 효능이 있어 예로부터 근육 손상이나 타박상 등으로 인한 통증과 부종, 울혈을 치료하는 약재였습니다. 폐를 촉촉하게 해서 기침이나 기관지염 완화에 좋고, 감기로 인한 기관지 증상이나 만성적인 기관지 증상을 개선하는 데 도움을 줄 수 있습니다.

30. 배

배는 진액(津液)을 보충하고 화를 내리는 동시에 술을 깨게 하고, 대소변을 잘 나오게 하며, 갈증을 해소하는 효능이 있습니다. 유기산과 비타민, 아미노산, 플라보노이드가 풍부해 피로 해소와 면역력 강화에도 도움을 줍니다. 특히 면역력 향상에 도움을 주는 플라보노이드, 폴리페놀은 과육보다 껍질에 7배 이상 풍부하기 때문에 껍질째 먹는 것을 추천합니다.

31. 팥

《동의보감》에 따르면 팥은 '적소두(赤小豆)'라 해서 '몸속 수분을 배설해 소변을 잘 나오게 하여 몸이 붓는 것을 치료한다'라고 적혀 있습니다. 이렇듯 팥은 오래전부터 몸속 노폐물을 배출해 부기를 빼는 데 도움을 주는 식품입니다. 팥에는 칼륨이 바나나보다 4배, 쌀보다 10배나 풍부해서 나트륨이 체외로 배출되게 도와줍니다. 그뿐 아니라 팥 껍질에 풍부한 사포닌과 안토시아닌이 이뇨 작용을 해 부종 완화에도 도움을 줍니다.

32. 대추

《동의보감》에 대추는 '췌장을 보하고 오장을 튼튼하게 하면서 의지를 강하게 하는 효능이 있다'고 기록되어 있습니다. 또 대추는 안신 작용을 해 심장 두근거림이나 불안 증상, 히스테리, 짜증을 줄여주고 숙면을 취하도록 도와줍니다. 요리에 넣을 땐 대추를 반으로 갈라 사용하는 것이 좋습니다. 대추의 껍질은 단단한 섬유소(셀룰로오스)로 이루어져 유효 성분이 밖으로 빠져나올 수 없고, 효능도 떨어지기 때문입니다.

33. 귀리

귀리에 풍부한 베타글루칸 성분은 소장에서 콜레스테롤, 지방, 담즙산을 체외로 배출시키기 때문에 혈중 콜레스테롤 수치를 낮추는 역할을 합니다. 현미보다 칼로리가 낮고 단백질은 3배, 식이 섬유는 17배 이상 높아 곡류 중 혈당을 천천히 올리는 편에 속합니다. 불용성 식이 섬유가 풍부해 포만감이 오래가며 변비 해소에도 도움을 줍니다. 다소 딱딱한 귀리가 입에 잘 안 맞는다면 먹기 좋게 압착한 오트밀을 구매하는 것도 좋습니다.

34. 사과

사과는 생진(生津, 진액을 생성한다), 개위(開胃, 위를 열어준다), 제번(除煩, 번조한 것, 즉 가슴이 답답한 증상을 제거한다) 효능이 있습니다. 또 사과에는 수용성 식이 섬유인 펙틴이 풍부합니다. 이는 장에서 유익균의 좋은 먹이가 되어주어 장 면역력 강화에 도움을 주고 콜레스테롤 흡수를 억제해 혈중 콜레스테롤 수치를 떨어뜨릴 수 있는 좋은 성분입니다. 알맹이보다는 사과 껍질에 더욱 풍부하기 때문에 껍질째 먹는 것이 좋습니다.

35. 검은콩

옛 기록은 콩, 특히 흑두의 약성을 대단히 높이 평가합니다. 몸속 수분을 관장하는 신장의 기능을 강화하고 독소를 없애는 작용이 뛰어나다고 보았습니다. 영양학적으로는 검은콩이 브로콜리에 비해 식이 섬유가 8배나 풍부합니다. 식이 섬유가 풍부하다는 것은 노폐물 배출을 원활하게 한다는 의미죠. 또 단백질 함량이 40% 가까이 되어 웬만한 어육류보다 높은 함량을 자랑합니다. 단, 필수아미노산을 충분히 섭취하기 위해서는 콩 같은 식물성 단백질로만 식단을 채워선 안 되고, 어육류와 함께 골고루 먹어야 합니다.

36. 매실

체했거나 소화가 안 될 때 민간요법으로 많이 찾는 것이 매실입니다. 이러한 효능은 매실의 신맛이 소화액 분비를 촉진하기 때문입니다. 소화 작용 외에도 피로 및 숙취 해소에 도움이 됩니다. 단, 갓 딴 청매실에는 식중독을 유발하는 아미그달린이라는 독성 물질이 있습니다. 이를 피하기 위해선 매실청을 담글 때 씨앗을 분리해 과육만 담아 3개월 이상 숙성하거나 노란 황매실이 될 때까지 기다렸다가 수확한 후 섭취하는 것이 좋습니다.

37. 미역

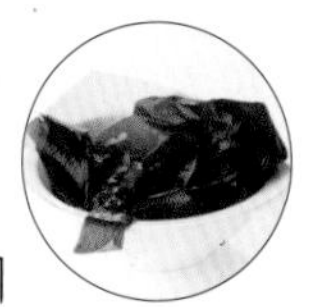

미역은 피를 맑게 하는 대표적인 청혈 식품입니다. 그뿐만 아니라 칼슘, 아이오딘, 철 등 다양한 무기질을 풍부하게 함유해 산모와 산모의 젖을 먹는 아이에게도 좋습니다. 식이 섬유도 풍부해 변비를 예방하고 혈중 콜레스테롤 수치를 안정화하는 데 도움을 줄 수 있습니다. 혈당 지수가 매우 낮은 식품이기 때문에 혈당 관리 시 자주 찾으면 좋은 식재료이기도 합니다.

38. 매생이

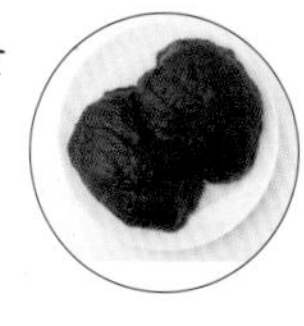

매생이는 아연, 칼슘, 철분 등 다양한 무기질이 풍부한 해조류입니다. 그중에서도 특히 철분 함량이 높은데, 매생이 50g이면 하루 필요한 철분의 30~50% 정도를 채울 수 있습니다. 광택이 있고 선명한 녹색을 띠는 것을 고르는 것이 좋습니다.

39. 홍합

《방약합편》에 따르면 홍합은 '맛은 달고 성질은 따뜻하다. 허한 것을 보충해주고 소화를 잘 시켜주며 부인에게 아주 좋다'고 기록되어 있습니다. 《본초강목》에는 '허로로 몸이 상하고 피로한 증상, 정혈(精血, 깨끗하고 맑은 피)이 약하고 줄어든 증상에 좋다'고 되어 있으니, 예로부터 몸을 보하기 위해 찾던 식재료라는 것을 알 수 있습니다.

40. 다시마

다시마는 한방에서 수종과 부종을 치료하고 신체 저항성을 높여 노폐물 배설을 촉진하며, 고혈압, 동맥경화, 갑상샘종 완화에 효능이 있는 식재료로 알려져 있습니다. 또 열을 식혀줘 아토피 완화에 도움을 줍니다. 깊이 살펴보면 다시마에는 알긴산, 푸코이단같이 육지에서 보기 어려운 좋은 성분이 많은데, 이 성분들이 혈압, 콜레스테롤 개선에 도움을 줄 수 있다는 연구 결과가 많습니다.

41. 굴

《본초강목》에 따르면 굴은 '익혀서 먹으면 허한 것을 다스리고 소화기를 조화롭게 하며 부인의 혈기를 푼다'고 되어 있습니다. 또 생강과 식초와 함께 생식하면 해장에 도움이 된다고 기록되어 있습니다. 단, 생굴은 반드시 채취한 지 얼마 안 된 신선한 것으로 섭취해야 식중독의 위험에서 안전합니다. 영양학적으로는 '바다의 우유'라 불리며 높은 칼슘 함량을 자랑하고, 인체 면역에 직접적인 영향을 미치는 아연이 풍부합니다.

42. 전복

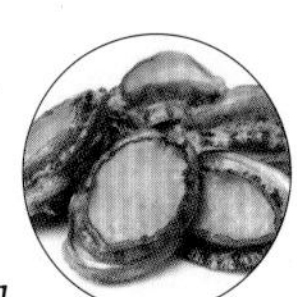

전복은 간 기능을 보조할 수 있는 아르기닌과 타우린을 함유해 피로 해소에 도움이 됩니다. 특히 타우린 성분은 혈관 속 콜레스테롤 제거와 시신경 피로 해소에도 도움이 되는데, 그 때문인지 《본초강목》에 눈에 좋다는 의미로 석결명(石決明)이라 기록되어 있고 《동의보감》에도 장복하면 눈이 밝아진다고 표현되어 있습니다.

43. 낙지

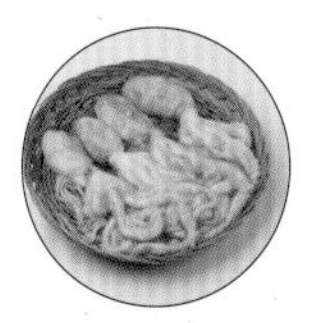

타우린이 풍부해 피로 해소에 도움을 주는데, 타우린은 콜레스테롤을 분해해 각종 성인병을 억제합니다. 낙지는 오징어나 문어에 비해 2~3배 정도 많은 양의 타우린을 함유하고 있습니다.

44. 오리

《방약합편》에 따르면 '오리고기의 성질은 차며 허약한 몸을 보해주고 부종과 열창을 가라앉힌다'고 합니다. 성질이 차기 때문에 마늘이나 양파같이 따듯한 성질의 재료와 궁합이 좋습니다. 영양학적으로 오리는 육류 중 불포화지방산이 가장 많은 것으로 알려져 있습니다. 불포화지방산은 혈행 개선에 도움을 줄 수 있으나 고온에서는 쉽게 산화해 좋은 기능을 잃기 때문에 삶거나 찌는 방식으로 조리하는 것이 좋습니다.

45. 연어

연어는 불포화지방산과 비타민 D가 풍부한 생선입니다. 불포화지방산은 포화지방 섭취 비중이 높은 현대인이 심혈관 질환을 예방하기 위해 반드시 챙겨 먹어야 하는 영양소입니다. 비타민 D는 뼈 건강과 수면의 질 향상, 우울증 예방 등에 매우 중요한 영양소인데, 육지에서 나고 자라는 식품 중에서는 비타민 D 함량이 뛰어나게 높은 것을 찾기가 어렵습니다. 반면 연어처럼 지방질이 풍부한 생선은 50g만 섭취해도 비타민 D 1일 권장량을 모두 채울 수 있습니다. 따라서 주 2~3회 정도는 생선을 식탁에 올리는 것을 권장합니다.

46. 장어

대표적인 강장 식품으로 알려진 장어는 단백질, 지방이 풍부한 고열량 식품입니다. 지방이 많은 만큼 다량 섭취 시 설사를 할 수 있으니 하루 200g 안팎으로 드시는 것을 권장합니다. 연어와 마찬가지로 비타민 D도 풍부합니다. 《방약합편》에 따르면 뱀장어는 '폐결핵을 다스리고 살충을 하며, 치루와 부스럼, 자궁 출혈 완화에 효능이 있다' 고 기록되어 있습니다. 장어는 성질이 차기 때문에 성질이 따뜻한 생강과 궁합이 잘 맞으니 함께 드시는 것을 권합니다.

47. 청국장

청국장은 발효 식품으로 비타민 K_2, 메나퀴논이 아주 풍부한 식품입니다. 메나퀴논은 뼈에 칼슘과 무기질을 붙이는 접착제 성분을 활성화하는 역할을 합니다. 그뿐 아니라 혈관에 붙은 플라크를 없애는 역할까지 하기 때문에, 칼슘이 풍부한 식품과 함께 꼭 먹어야 할 성분입니다. 따라서 멸치와 같이 칼슘이 많은 식재료와 궁합이 좋습니다.

48. 꿀

꿀은 비·위·장 등 오장육부를 편안하게 하고 기운이 나게 하며, 해독 효능을 지니고 있습니다. 그래서 구토나 설사를 한 후 꿀물을 섭취하는 것이 증상을 가라앉히는 데 효과가 있는 것이죠. 단, 생후 1년 미만 아이에게는 치명적인 알러지 반응을 일으킬 수 있으니 어린아이에게 제공해선 안 됩니다. 꿀 구매 시에는 식품 표시 사항에 있는 탄소동위원소비가 -23.5%보다 낮은 천연 꿀을 구매하시길 바랍니다.

항산화 영양소를 충분히 섭취할 수 있는 다양한 제철 채소를 활용해 재료 본연의 효능과 각 재료의 궁합을 최대한 살릴 수 있게 요리하면 면역력 향상에 도움을 줍니다.

약념 조미료

'조미료는 쓰지 않을수록 좋다'라는 이야기, 많이 들으시죠? 하지만 조미료를 쓰지 않고 음식 맛을 내는 것은 쉬운 일이 아닙니다. 그래서 마음 편히 조미료 쓰시라고 건강한 약념 조미료 레시피를 알려드리려고 합니다. 나트륨 함량을 절반 가까이 줄인 '약념간장'과 다양한 기능성과 풍미를 추가한 '약념식초', 그리고 설탕 대체재로 건강한 단맛을 즐기게 해주는 '약념조청'까지, 조미료 걱정은 줄이고 맛은 더 올리는 '약념 조미료 레시피'로 면역 식단의 기초 준비물을 준비해봅시다.

※ 약념 조미료는 조미료의 풍미를 간직하면서 염도나 당도, 산도를 낮추었기 때문에 실온에 보관하지 말고 반드시 냉장 보관해야 합니다.

※ 재료 중 사과식초, 현미식초 등은 사과와 현미 등 원재료가 달라 맛과 성분에 차이가 있지만, 어떤 식초를 사용하더라도 크게 다르지 않으므로 집에 있는 식초를 활용해도 괜찮습니다.

혈관보호간장 10분 소요

청혈 작용 혈액순환 혈당 조절

피를 맑게 하고 혈액순환을 돕는 본초를 넣은 저염 간장입니다.

재료

양조간장(콩간장) 500ml, 맛술(미림) 500ml,
다시마 3조각, 산사 ½컵(40~50개), 강황가루 2스푼,
말린 여주 10조각

※ 다시마에서는 끈적한 성분이 나오므로 3조각까지만 넣어주세요. 숙성이 끝난 뒤에도 냉장 보관해주세요. 염도가 낮은 간장은 상온에선 맛이 변하기 쉽습니다.

재료 특징

산사는 어혈을 풀고 혈액순환을 돕는 효능이 뛰어납니다. 강황은 커큐민을 함유해 어혈을 풀어주고 치매 예방에 도움을 주는 본초입니다. 여주는 천연 인슐린을 포함해 혈중 포도당 수치를 조절하고 혈액이 끈적해지지 않도록 도와줍니다.

조리 과정

❶ 양조간장과 맛술을 열탕 소독한 밀폐 용기에 붓습니다.
❷ 다시마, 산사, 강황가루, 말린 여주를 넣습니다.
❸ 냉장고에서 일주일간 숙성한 뒤 요리에 활용합니다.
❹ 숙성된 간장에서 다시마를 제거한 뒤 한소끔 끓였다 식혀 냉장 보관하면 보다 더 오래 사용할 수 있습니다.

해독간장 10분 소요

간 기능을 보조하는 본초를 넣은 저염 간장입니다.

해독기능 간기능보조

재료

양조간장(콩간장) 500ml, 맛술(미림) 500ml, 다시마 3조각, 구기자 ½컵(40~50개), 감초 1조각

※ 다시마에서는 끈적한 성분이 나오므로 3조각까지만 넣어주세요. 염도가 낮은 간장은 상온에선 맛이 변하기 쉬우니 숙성이 끝난 뒤에도 냉장 보관해주세요.

재료 특징

구기자는 간 건강을 지키고 혈액을 맑게 하는 기능이 있습니다. 감초는 간장의 맛을 부드럽고 달게 만들어줄 뿐만 아니라 해독이 필요한 다양한 처방에 사용되는 좋은 약재입니다.

조리 과정

❶ 양조간장과 맛술을 열탕 소독한 밀폐 용기에 붓습니다.
❷ 다시마, 구기자, 감초를 넣습니다.
❸ 냉장고에서 일주일간 숙성한 뒤 요리에 활용합니다.
❹ 숙성된 간장에서 다시마를 제거한 뒤 한소끔 끓였다 식혀 냉장 보관하면 더 오래 사용할 수 있습니다.

항산화식초 1시간 이내 소요

항산화 항노화 시력개선 피로해소

항산화 물질이 풍부한 발효 식초입니다. 노화 예방을 위해 요리에 활용하고 운동 전후에 한 스푼씩 물에 타서 마시면 피로감을 감소시키는 데 도움을 줍니다.

재료

아로니아 생과 500g, 오디 ½컵(30~40알), 사과식초 500ml, 꿀 ⅓컵

※ 생아로니아를 구하기 어렵다면 생블루베리로 대체하세요. 제조한 지 한 달 뒤에는 아로니아와 오디를 체에 걸러 제거한 뒤 냉장 보관해주세요.

재료 특징

아로니아 속 안토시아닌은 강력한 항산화 물질로 노화의 주범인 활성산소를 없애고 콜라겐 파괴를 억제해 피부 탄력을 지켜줍니다. 뽕나무 열매인 오디는 레스베라트롤과 안토시아닌 등 항산화 성분이 풍부해서 노화 예방과 피로 해소에 도움이 됩니다. 꿀은 다양한 아미노산과 미량영양소가 풍부해 오래전부터 피로 해소제로 사용되어온 귀한 식품입니다.

조리 과정

❶ 아로니아와 오디는 가볍게 씻어 이물질을 제거합니다.
❷ 겉에 묻은 수분이 제거될 때까지 아로니아와 오디를 그늘에서 말려줍니다.
❸ 아로니아와 오디를 으깨서 열탕 소독한 유리병에 넣습니다.
❹ 꿀과 사과식초를 넣고 밀폐해 냉장고에서 일주일 이상 숙성한 뒤 사용합니다.
❺ 한 달 뒤 아로니아와 오디를 체에 걸러 제거하세요.

소화(제)식초 1시간 이내 소요

해독기능 | 간기능보조 | 노폐물배출

소화를 도와주는 효소가 가득한 발효 식초로 더부룩할 때 한 스푼 먹으면 좋습니다. 육류 요리에 첨가하면 육질을 부드럽게 해줍니다.

재료

파인애플 300g, 산사 1/2컵(40~50알), 사과식초 500ml, 매실청 1/3컵

※ 통조림 파인애플이 아닌 생파인애플을 사용하세요. 파인애플 대신 키위를 사용해도 좋습니다. 제조한 지 한 달 뒤에는 파인애플 과육과 산사를 체에 걸러 제거한 뒤 냉장 보관해주세요.

재료 특징

파인애플에는 단백질 소화를 돕는 브로멜라인 효소가 들어 있어 소화에 도움이 됩니다. 산사는 예로부터 식적과 오랜 체기를 풀고, 특히 고기를 많이 먹어 생긴 식적을 치료한다고 알려져 있습니다. 매실청은 소화효소 분비를 촉진해 소화에 도움을 줍니다.

조리 과정

❶ 산사는 가볍게 씻어 이물질을 제거합니다.
❷ 겉에 묻은 수분이 제거될 때까지 산사를 그늘에서 말려줍니다.
❸ 파인애플, 산사를 얇게 잘라 열탕 소독한 유리병에 넣습니다.
❹ 매실청과 사과식초를 넣고 밀폐해 냉장고에서 일주일 이상 숙성한 뒤 사용합니다.
❺ 한 달 뒤 파인애플 과육과 산사를 체에 걸러 제거해주세요.

간해독식초 1시간 이내 소요

간해독 숙취·피로해소

해독 작용이 뛰어난 감초와 간을 보호해 숙취 해소에 도움을 주는 헛개를 주재료로 한 식초 레시피입니다. 음주 후 식초:물을 1:5 비율로 희석해서 마시면 숙취와 피로감을 해소하는 데 도움이 됩니다.

재료

헛개 1컵, 감초 1/2컵, 사과식초 600ml, 꿀 1/3컵

※ 헛개는 줄기나 잎보다 열매의 약성이 강합니다.

재료 특징

헛개는 간의 알코올 해독 작용을 도와 숙취를 빠르게 해결해주는 본초입니다. 감초는 온갖 약독을 풀며 간과 신장을 보호하는 기능을 해 평소 약을 복용하는 분이나 음주를 자주 하는 분에게 도움이 되는 본초입니다.

조리 과정

❶ 헛개와 감초를 프라이팬에 올려 중간 불로 1분 정도 덖어줍니다.

❷ 헛개와 감초를 열탕 소독한 유리병에 넣습니다.

❸ 꿀과 사과식초를 넣고 밀폐해 실온에 4~5일간 놓아둔 후 냉장 보관합니다.

❹ 한 달 후 감초와 헛개를 체에 걸러 제거해주세요.

숨편한식초 1시간 이내 소요

기관지보호 기침완화

기관지와 폐를 촉촉하게 하는 도라지와 잔대 뿌리를 사용한 식초 레시피입니다. 기침이 잘 멎지 않을 때, 감기로 목이 건조하고 가래가 끓을 때 식초:물을 1:5 비율로 희석해서 마시면 기침, 가래로 인한 불편감을 해소하는 데 좋습니다.

재료

말린 도라지 ⅔컵, 말린 잔대 뿌리(사삼) ⅓컵, 현미식초 600ml, 꿀 ⅓컵

※ 도라지는 3년산 이상, 껍질을 제거하지 않은 것이 좋습니다.

재료 특징

도라지와 잔대 뿌리는 호흡기의 염증과 기침을 가라앉히고 기관지를 촉촉하게 해 가래를 제거하는 역할을 합니다. 따라서 흡연하는 분이나 만성 호흡기 질환이 있는 분에게 좋습니다.

조리 과정

❶ 도라지와 잔대 뿌리를 프라이팬에 올려 중간 불로 1분 정도 덖어줍니다.
❷ 도라지와 잔대 뿌리를 열탕 소독한 유리병에 넣습니다.
❸ 꿀과 현미식초를 넣고 밀폐해 실온에 4~5일간 놓아둔 뒤 냉장 보관합니다.
❹ 한 달 뒤 도라지와 잔대 뿌리를 체에 걸러 제거해주세요.

항당뇨식초 1시간 이내 소요

혈당조절

혈당 조절 효과를 인정받은 여주와 계피를 활용한 식초 레시피입니다. 혈당 조절이 필요한 분은 식전에 항당뇨식초를 2스푼 정도 먹고 식사하면 식후 혈당이 높아지지 않도록 도와줍니다.

재료

말린 여주 1컵, 계핏가루 2스푼, 현미식초 600ml

※ 계피 원물을 사용하는 경우 30g을 준비하고 1분간 덖어주세요.

재료 특징

여주에 풍부한 P-인슐린은 혈액에 당이 축적되는 것을 막아 혈당 수치를 낮춰주는 역할을 합니다. 또 여주의 쓴맛을 내는 카란틴은 일종의 식물성 사포닌으로, 췌장 기능을 활성화해 혈당을 낮추는 역할을 합니다. 계피도 특별한 폴리페놀 성분이 인슐린과 유사한 역할을 하면서 혈중 포도당 수치를 안정시키는 데 도움을 줍니다.

조리 과정

❶ 중간 불에 올린 프라이팬에 말린 여주는 1분간, 계핏가루는 30초 동안 덖어줍니다.

❷ 여주와 계핏가루를 열탕 소독한 유리병에 넣습니다.

❸ 현미식초를 넣고 밀폐해 실온에 4~5일간 놓아둔 뒤 냉장 보관합니다.

❹ 한 달 뒤 여주를 체에 걸러 제거해주세요.

관절식초 1시간 이내 소요

관절염완화 연골보호

관절에 좋은 우슬을 주재료로 한 식초입니다. 평소 관절염 등으로 불편하다면 각종 요리에 첨가하세요.

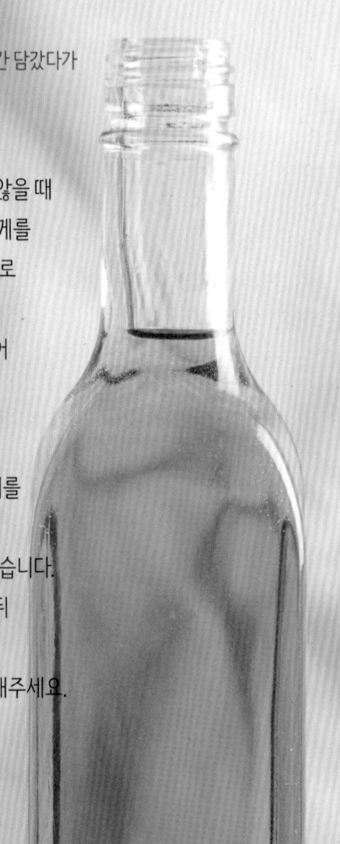

재료

우슬 1컵, 까마귀쪽 열매 1/2컵, 현미식초 600ml

※ 우슬에서 약으로 쓰는 부위는 뿌리이며 주초(술에 24시간 담갔다가 불에 볶는 것) 과정을 거친 뒤 사용해야 합니다.

재료 특징

우슬은《동의보감》에 의하면 관절이나 척추가 좋지 않을 때 사용하던 약초입니다. 실제로 무릎의 연골 세포와 두께를 회복시키는 것이 입증되어 식약처에서도 기능성 원료로 인정하고 있습니다. 까마귀쪽 열매 또한 연골 손상을 방지하고 염증 유발 물질을 억제하는 효과가 입증되어 식약처에서 기능성을 인정받았습니다.

조리 과정

❶ 중간 불에 올린 프라이팬에 우슬과 까마귀쪽 열매를 1분 동안 덖어줍니다.
❷ 우슬과 까마귀쪽 열매를 열탕 소독한 유리병에 넣습니다.
❸ 현미식초를 넣고 밀폐해 실온에 4~5일간 놓아둔 뒤 냉장 보관합니다.
❹ 한 달 뒤 우슬과 까마귀쪽 열매를 체에 걸러 제거해주세요.

청혈식초 1시간 이내 소요

콜레스테롤 저하 중성지방 저하 청혈 작용

혈중 콜레스테롤 및 중성지방 수치를 낮춰줄 수 있는 재료로 만든 식초입니다. LDL 콜레스테롤 수치가 높거나 이상지질혈증이 있는 분이 하루 1~2스푼씩 먹으면 좋습니다.

재료

말린 단삼 ½컵, 말린 산사 ½컵, 홍국 ½컵, 현미식초 600ml

※ 혈관 확장 약물이나 칼슘 통로 차단제를 함께 복용하면 위험할 수 있습니다.

재료 특징

단삼은 콜레스테롤 수치를 떨어뜨리고 혈액을 맑게 하며 말초 혈관을 확장해 혈액순환을 원활하게 합니다. 산사는 한의학에서 혈액순환을 원활하게 하기 위해 처방하며, 실제로 혈중 콜레스테롤 수치 개선에 도움을 준다는 연구 결과가 있습니다. 홍국은 고지혈증 예방 및 개선에 효과가 있어 동맥경화 같은 혈관 질환을 예방하는 데 도움을 받을 수 있습니다.

조리 과정

❶ 중간 불에 올린 프라이팬에 단삼, 산사, 홍국을 1분 동안 덖어줍니다.
❷ 단삼, 산사, 홍국을 열탕 소독한 유리병에 넣습니다.
❸ 현미식초를 넣고 밀폐해 실온에 4~5일간 놓아둔 뒤 냉장 보관합니다.
❹ 한 달 뒤 단삼, 산사, 홍국을 체에 걸러 제거해주세요.

위장보호식초 1시간 이내 소요

소화보조 위장보호 장운동촉진

소화를 돕고 위장을 튼튼하게 하는 생강과 산사를 활용한 식초입니다. 평소 소화가 잘 안 되는 분은 식전에 1스푼, 육류가 많은 식사 후 속이 더부룩한 분은 식후에 2스푼 먹으면 좋습니다.

재료

말린 생강 2/3컵, 말린 산사 2/3컵, 현미식초 600ml, 꿀 1/3컵

※ 말리지 않은 생강을 준비했다면 햇볕이나 식품 건조기에서 먼저 말린 후 사용하시는 것을 권장합니다.

재료 특징

생강의 진저롤 성분은 위액 분비를 활성화해서 소화를 돕고 위장을 따뜻하게 하는 작용을 합니다. 또 따뜻한 성질 덕분에 냉증과 생리통, 갱년기 우울증이 있는 여성에게 좋습니다. 산사는 예로부터 소화가 잘 안 되는 사람에게 처방해온 본초로, 특히 육류 섭취 후 속이 더부룩한 증상을 완화하는 데 좋습니다. 또 혈중 콜레스테롤 수치를 조절하는 효능도 있어 육류를 통한 콜레스테롤 섭취량이 많은 분이 먹으면 좋습니다.

조리 과정

❶ 중간 불에 올린 프라이팬에 생강과 산사를 1분 동안 덖어줍니다.
❷ 생강과 산사를 열탕 소독한 유리병에 넣습니다.
❸ 현미식초와 꿀을 넣고 밀폐해 실온에 4~5일간 놓아둔 뒤 냉장 보관합니다.
❹ 한 달 뒤 생강과 산사를 체에 걸러 제거해주세요.

놀라운 식초의 효능

부엌에 두고 쓰지만 약처럼 생각되는 조미료, 식초의 이점에 대해 얘기해볼까 합니다. 인류의 역사에서 식초는 가장 오래된 조미료이기도 하고, 약처럼 쓰여온 역사도 깁니다. 한의학에서도 약재를 법제할 때 식초에 담가두거나, 식초를 넣고 찌거나 끓여서 독성을 제거하고 약성을 높였습니다. 소염제가 없었던 옛날에는 식초가 종기나 단단하게 뭉친 것을 삭이는 성질이 있다고 해서 민간요법으로 많이 쓰이기도 했죠.

한의학 이론인 기미귀경론에서 신맛의 약초는 체내의 어혈과 같은 적취(積聚)를 풀어내는 분해와 해독 작용이 탁월하다고 하는데, 그중 식초는 대표적인 활혈산어(活血散瘀)의 약재라고 할 수 있습니다. 몸에 쌓인 어혈을 풀어주고 혈액순환을 원활하게 하며, 소화를 돕고 안에 쌓인 열독을 풀어주어 몸에 생긴 상처를 치료합니다. 또 굳게 뭉친 것을 부드럽게 풀어주고 출혈을 멎게 하며 위로 쌓인 기운을 아래로 내려주는 역할을 합니다.

서양에서도 식초를 건강에 이로운 식품으로 여깁니다. 우리나라에서 과실주나 곡주를 한 번 더 발효해 식초를 만든 것처럼 이탈리아에서도 와인을 한 번 더 발효해 만든 식초가 발사믹입니다. 이탈리아 사람들은 오랫동안 발사믹 식초를 상처를 닦거나 궤양을 치료하는 데 썼다고 하죠. 미국에도 사과를 발효해 만든 술을 다시 발효한 '애플 사이다 비니거(Apple Cider Vinegar)'가 있는데, 건강 증진을 위해 물에 희석해서 마시는 분이 많습니다.

실제로 제가 다양한 논문을 살펴보고 분석한 결과, 검증된 식초의 효능은 네 가지입니다. 혈당 관리, 지질 대사 조절, 체중 및 체지방 감소, 암세포 억제입니다. 이 네 가지 효능을 누리기 위한 효과적인 식초 섭취법은 다음과 같습니다.

첫째, 혈당을 조절하기 위해서는 매번 식사 중간 또는 식사 직후 식초 30ml를 마시고 취침 전에도 30ml를 한번 더 드시길 바랍니다. 신뢰도 높은 연구에서 이 섭취 방법을 통해 혈당이 떨어지는 것이 확인되었으니 믿고 시도해보시길 바랍니다.

둘째, 고지혈증이 있는 분은 식초 20ml를 매 식사 직후에 입가심으로 마시면 좋습니다. 이와 관련된 연구는 실험의 특성상 동물실험에 기초한 것이 많으나, 여러 연구가 의미 있고 비슷한 결과를 보이고 있습니다.

셋째, 다이어트 식초 요법입니다. 식초 15~40ml를 공복에 드시길 바랍니다. 단, 위에 자극을 줄 수도 있으니 500ml의 물로 희석해 1~2시간 동안 천천히 드시는 게 좋습니다.

넷째, 항암 효능을 위해서는 30ml를 따뜻한 물로 희석해 하루 2회 정도 드시면 됩니다.

신뢰도가 높은 연구를 바탕으로 식초의 효능과 섭취법에 대해 간략히 말씀드렸습니다. 식초가 만병을 치료하는 약이라는 것은 아닙니다. 약과 음식은 별개이니 혼동해서는 절대 안 됩니다. 식초 요법은 건강을 유지하게 해주는 보조적인 역할로 접근하시길 바랍니다.

기침가래조청 10시간 이내 소요

기침·가래 완화 | 폐 면역력 강화 | 미세 먼지 배출

감기에 걸렸거나 기침, 가래가 잦은 분을 위한 조청입니다. 목이 건조하고 미세 먼지가 많은 날 뜨거운 물에 타서 차로 마셔도 좋습니다.

재료

도라지 5뿌리(약 250g), 복령 ½컵(약 30g), 찹쌀 800g, 엿기름 450g

※ 도라지는 무르지 않고 단단하며 세척하지 않아 흙이 묻어 있는 것이 좋습니다.

재료 특징

복령은 주로 호흡곤란, 가래 등 만성 기관지염에 임상 효과가 있어, 폐나 기관지 환자 치료 처방에 사용하는 본초입니다.

조리 과정

❶ 찹쌀을 물에 깨끗이 씻어 1시간 동안 불린 뒤 물과 1:1 비율로 고두밥을 만듭니다.
❷ 전기밥솥에 엿기름, 고두밥을 넣고 잘 섞은 후 보온 상태로 4~8시간 삭힙니다.
❸ 복령을 물 1l와 함께 냄비에 넣고 물이 절반으로 줄어들 때까지 푹 끓입니다.
❹ 한 김 식힌 뒤 복령은 걸러내고 우린 물만 따로 담아둡니다.
❺ 도라지는 깨끗하게 닦은 뒤 살짝 쪄서 복령 우린 물과 함께 믹서로 갈아줍니다.
❻ 밥솥에서 삭힌 엿기름은 건더기를 걸러 꼭 짜줍니다.
❼ 짜낸 단물과 갈아놓은 도라지를 냄비에 넣고 1시간 40분간 끓입니다.
❽ 색이 진해지면 중약불에 눌어붙지 않도록 저어가며 조청의 농도가 될 때까지 졸입니다.

위장튼튼조청 10시간 이내 소요

소화보조 위장보호 장운동촉진

위와 장을 보하고 속을 다스리는 조청입니다. 평소 속이 쓰리거나 장이 예민하다면 요리에 활용하세요.

재료

양배추 400g, 백출 1/2컵(약 40g), 찹쌀 800g, 엿기름 450g

※ 인삼을 2뿌리 정도 추가해 양배추와 함께 갈아 사용해도 좋습니다.

재료 특징

양배추 속 비타민 U는 위벽을 보호하고 위궤양을 억제하는 것으로 알려졌습니다. 백출은 건위·소화 작용을 해 만성 소화불량·장염·설사를 개선하는 데 효과적입니다.

조리 과정

❶ 찹쌀을 물에 깨끗이 씻어 1시간 동안 불린 후 물과 1:1 비율로 고두밥을 짓습니다.
❷ 전기밥솥에 엿기름, 고두밥을 넣고 잘 섞은 뒤 보온 상태로 4~8시간 삭힙니다.
❸ 백출을 물 1l와 함께 냄비에 넣고 물이 절반이 될 때까지 푹 끓입니다.
❹ 한 김 식힌 뒤 백출은 걸러내고 우린 물만 따로 담아둡니다.
❺ 양배추는 살짝 쪄준 후 백출 우린 물과 함께 믹서로 갈아줍니다.
❻ 밥솥에서 삭힌 엿기름은 건더기를 걸러 꼭 짜줍니다.
❼ 짜낸 단물과 갈아놓은 양배추를 냄비에 넣고 1시간 40분간 끓입니다.
❽ 색이 진해지면 중약불에 눌어붙지 않도록 저어가며 조청의 농도가 될 때까지 졸입니다.

체온면역조청 10시간 이내 소요

기침·가래 완화 / 폐 면역력 강화 / 미세먼지 배출

몸을 따뜻하게 하고 순환을 돕는 조청입니다. 냉증이 있거나 겨울철 추위가 매서울 때 따뜻한 물에 2~3스푼 타서 마셔도 좋습니다.

재료

꾸지뽕 20알, 말린 대추 10개, 생강 ½컵(약 60g), 계핏가루 1스푼, 찹쌀 800g, 엿기름 450g

※ 익모초를 30g 추가해 꾸지뽕을 우릴 때 함께 우리고 걸러내도 좋습니다.

재료 특징

꾸지뽕은 성질이 따뜻해 수족냉증과 여성 질환 치료에 자주 사용하는 본초입니다. 계피는 속이 냉해 소화가 잘 안 되는 분에게 좋은, 몸을 따뜻하게 하는 대표적인 본초입니다. 대추는 신경을 안정시키고 몸을 따뜻하게 해주는 성질이 있습니다.

조리 과정

❶ 찹쌀을 깨끗이 씻어 1시간 동안 불린 후 물과 1:1 비율로 고두밥을 짓습니다.
❷ 전기밥솥에 엿기름, 고두밥을 넣고 잘 섞은 후 보온 상태로 4~8시간 삭힙니다.
❸ 대추는 반으로 잘라 준비합니다.
❹ 꾸지뽕과 생강, 대추를 물 1l와 함께 냄비에 넣고 물이 절반이 될 때까지 푹 끓입니다.
❺ 한 김 식힌 뒤 꾸지뽕과 생강, 대추 씨를 걸러내고 대추 과육과 우린 물만 따로 담아둡니다.
❻ 생강, 대추 과육, 꾸지뽕, 꾸지뽕 우린 물을 믹서에 함께 넣고 갈아줍니다.
❼ 밥솥에서 삭힌 엿기름은 건더기를 걸러 꼭 짜줍니다.
❽ 짜낸 단물과 계핏가루, 믹서에 간 우린 물을 냄비에 넣고 1시간 40분간 끓입니다.
❾ 색이 진해지면 중약불에 눌어붙지 않도록 저어가며 조청 농도가 될 때까지 졸입니다.

약초 보감

1. 맥문동

맥문동은《동의보감》에서 '허로로 생긴 객열과 입안이 마르고 갈증 나는 데 주로 쓴다. 폐위로 고름을 토하는 것과 열독으로 몸이 검어지면서 눈이 누렇게 되는 것을 치료한다. 심을 보하고 폐를 식혀주며, 정신을 보호하고 맥기(脈氣)를 안정시킨다' 라고 쓰여 있습니다. 즉 맥문동은 양기를 기르고 진액을 만들며 기침을 가라앉히고 가래를 제거하는 효과가 있어 만성 기관지염, 인후염에 사용합니다. 맥문동을 차로 마시려면 볶은 맥문동을 1시간 30분이나 2시간 정도 달이거나 찬물에 1시간 정도 담가뒀다가 1시간 정도 끓여서 물처럼 하루 종일 수시로 마시면 좋고, 밥물이나 찌개 물로 활용해도 좋습니다.

※ 맥문동을 약재로 쓸 때는 반드시 뿌리 안의 심지를 제거해야 합니다. 심지는 두통과 가슴이 답답하고 불안한 증세를 유발할 수 있습니다. 일본산이나 중국산 맥문동은 살이 적고 크기가 작아서 심지를 빼기가 어려워 약재로는 국산을 씁니다. 심지를 빼고 나서 약재를 볶을 때는 바삭하게 마르기 전까지 볶아야 합니다. 완전히 마르면 속까지 골고루 볶기 힘들고, 너무 덜 볶으면 수분이 많아 보관이 힘들고 약효도 떨어집니다.

2. 복령

복령은 주로 호흡곤란, 가래 등 만성 기관지염에 임상 효과가 있어 저도 폐, 기관지 환자 치료 처방에 즐겨 사용하는 본초입니다. 이외에도 항산화, 항당뇨, 항염증 등의 효과로 많은 전문가가 임상에서 응용합니다. 최근에는 복령 추출물이 폐암 세포를 억제한다는 연구 결과도 발표되어 쓰임새에 대한 기대가 더욱 커지고 있습니다. 표면은 암갈색, 잘랐을 때 절단면은 흰색이고 씹었을 때 점성이 있는 것이 좋습니다. 복령으로 끓인 탕차는 몸이 무겁고 잘 부으며 위장이 약해 소화력이 떨어지고 폐 기운도 떨어져 기침, 가래가 많고 마음이 자주 불안하며 초조한 체질에 적합합니다. 단, 마르고 잘 붓지 않는 체질이면서 소변을 너무 자주 보는 사람은 먹지 않는 것이 좋습니다.

3. 사삼(잔대 뿌리)

흡연이나 감기로 마른기침을 한다면 꼭 기억해야 할 본초가 잔대 뿌리입니다. 잔대 뿌리의 살짝 찬 기운은 폐로 들어가서 열을 내려주고 촉촉하게 적셔주는 자음청폐(滋陰淸肺) 효능이 있으며, 가래를 제거하는 거담(祛痰) 작용으로 기침을 없애줍니다. 또 호흡기의 염증을 다스려 감기에도 좋습니다. 그뿐 아니라 여성 질환, 특히 산후풍과 질염, 방광염 완화에도 도움을 주는 약초입니다. 소화력이 약한 사람도 복용 가능하지만, 몸이 냉한 체질은 기침, 가래가 있을 때만 마시고 장복하지 않는 것이 좋습니다. 한방차로도 응용해 끓여서 차로 먹어도 좋고 뿌리를 생으로 꿀절임하거나 건조해 가루로 만들어 요리에 활용해도 좋습니다.

※ 사삼이 종종 도라지나 더덕과 혼용되어 판매되기도 합니다. 하지만 이들은 분명히 다른 식물이니 구분이 필요하죠. 모양은 비슷하나 사삼은 향이 없고 쓴맛이 강합니다. 그리고 도라지, 더덕은 절단하면 하얀 액이 나오지만 사삼은 나오지 않습니다.

4. 겨우살이

겨우살이는 단순 근육통 치료 효과부터 시작해서 천연 항암제이자 훌륭한 혈압 조절제로 사용됩니다. 현대 과학에서도 암세포의 성장을 억제하는 유효 성분인 올레아놀산과 사포닌, 아미린, 아라킨 등이 겨우살이에 함유되어 있다는 사실이 확인되었습니다. 독일에서는 한 해에 300톤 분량의 겨우살이가 항암제 또는 고혈압, 관절염 치료약으로 가공되어 사용되고 있다고 합니다. 단, 다양한 나무에 기생하기 때문에 독이 있는 나무에 기생한 겨우살이는 독성을 지녀 해롭습니다. 독이 있는 겨울살이를 복용하고 응급실에 실려간 사례도 본 적이 있으니, 출처가 불분명한 겨우살이는 함부로 먹어서는 안 됩니다. 또 너무 한꺼번에 많은 양을 섭취할 경우 충혈이나 발열 등이 일어날 수도 있습니다.

※ 떡갈나무, 참나무에 기생하는 겨우살이를 '곡기생(槲寄生)'이라 하고, 뽕나무에 기생하는 겨우살이를 '상기생(桑寄生)'이라 합니다. 이들 중 최고가 상기생인데, 진품을 구하기 어렵습니다. 우리나라엔 없고 중국에서 자랍니다. 참고로 곡기생은 식품으로 유통되지만, 상기생은 의약품으로 분류되어 식품으로는 유통되지 않으니, 상기생으로 속여 판매하는 것을 주의해야 합니다.

5. 황기

황기는 기력을 올려주고 혈액, 뇌, 피부, 면역 체계에 이르기까지 여러 방면을 보강하는 약초입니다. 먼저 황기는 몸이 허약해져서 나는 땀, 말하자면 식은땀을 멎게 하며 기력을 회복시키는 작용이 있습니다. 또 혈중 면역글로불린 M과 E(IgM, IgE)의 수치를 증가시켜 면역력 강화에 도움이 됩니다. 특별히 황기는 식약처로부터 어린이 키 성장에 도움을 줄 수 있는 약초로 인정받아 성장기 아이들에게도 처방되는 약재이기도 하니 약방의 팔방미인이 따로 없습니다. 단, 기운이 넘치는 사람이 먹으면 가슴이 답답한 증상이 생길 수도 있으니 조심하시는 것이 좋습니다.

※ 마트에서 판매하는 황기는 대부분 1년 근이나 2년 근입니다. 황기는 오래 자랄수록 약성이 좋아지지만 뿌리가 잘 썩어서 구하기가 쉽지 않습니다. 그래서인지 6년 근 황기는 인삼만큼 좋다는 얘기도 있습니다. 좋은 황기는 밝은색을 띠고 좋은 향과 단맛이 납니다. 반면 품질이 좋지 않은 황기는 누렇고 나무 막대기 같은 형태에, 맛과 향이 거의 없는 편입니다.

6. 감초

감초는《동의보감》에서 '성질이 평(平)하고 맛은 달며 독이 없다. 온갖 약독을 푼다. 구토(九土)의 정(精)이니 72종의 광물성 약재와 1200종의 식물성 약재를 조화시킨다. 여러 약을 조화시켜 약효가 나게 하기 때문에 국로(國老)라고 부른다'라고 기록되어 있습니다. 즉 한약재 사이에 일어나는 충돌을 완화해 모든 약재가 조화를 이루도록 도와주기 때문에 다양한 처방에 자주 등장합니다. 이외에도 면역 조절, 항궤양, 간과 신장 보호, 심신 안정에 도움을 주는 다재다능한 약초입니다. 주의할 점은 감초를 과다 복용하면 저칼륨혈증과 고혈압이 동반되는 위알도스테론증을 유발할 수도 있다는 것입니다. 그러므로 하루 6g 이하로 드시는 걸 권장합니다.

7. 오디

뽕나무의 열매인 오디는 갱년기 증상을 다스리고 피로를 해소해주며 원기 회복을 돕습니다. 《동의보감》에 '까만 오디는 당뇨병에 좋고 오장에 이로우며 오래 먹으면 배고픔을 잊게 해준다'고 기록되어 있습니다. 현대 약리학적으로 오디에는 고혈압 억제물질인 루틴(rutin), 혈당 저하 물질인 데옥시노지리마이신(DNJ), 노화를 억제하는 항산화 색소인 cyanidin-3glucoside(c3g)를 다량 함유해 혈압, 당뇨 환자에게도 의미가 있는 식품입니다. 다만, 오디는 성질이 차기 때문에 위장이 약하고 설사를 자주 하는 사람은 많이 먹지 않는 것이 좋습니다.

8. 구기자

서늘한 기운의 구기자는 피로를 해소하며 성 기능을 강화하는 효과가 있는 것으로 알려져 있습니다. 《동의보감》에서 구기자는 '내상이나 심한 허로로 숨을 몰아쉬는 것을 보하고 근골을 튼튼하게 하며, 음(陰)을 강하게 하고 오로(五勞)와 칠상(七傷)을 치료하며, 정기(精氣)를 보하고 얼굴색을 밝게 하며, 눈을 밝게 하고 정신을 안정시키며, 장수하게 한다'고 했습니다. 현대 약리학에서는 구기자의 유효 성분인 베타인이 간세포 생성을 촉진하고 간에 지방이 축적되는 것을 억제하며 고혈압, 동맥경화를 예방해 혈관 건강에 좋은 열매로 알려져 있습니다.

9. 오미자

말린 오미자는 폐에 작용해 기침을 그치게 하는 염폐(斂肺) 기능이 있습니다. 감기가 장시간 낫지 않으면 미열 때문에 기침 감기로 변하는데, 특히 밤에 목이 간질간질하면서 쉽 없이 기침을 해 잠을 이룰 수 없을 때 좋습니다. 술에 볶아 쓰면 정력을 강화하기도 하는데, 식물성 여성호르몬(에스트로겐)으로 불리는 리그난 성분이 풍부해 갱년기 여성에게도 좋습니다. 리그난은 과육보다 씨에 많이 들어 있기 때문에 생과가 나오는 시기엔 생과를 씨까지 먹는 것이 좋습니다.

※ 건조 상태의 오미자는 곰팡이가 피지는 않았는지, 잘 말려놓았는지 살펴야 합니다. 오미자를 오랫동안 놔두면 표면에 흰 가루가 생기는데, 곰팡이로 오해하기 쉽습니다. 흰 가루는 당분의 결정이라서 자연적으로 생깁니다. 오히려 많을수록 맛이 달고 좋은 거라고 보면 되는데, 그럼에도 흰 당분 결정을 없애려고 물에 씻어 유통하는 경우가 종종 있습니다. 이건 오히려 오미자의 약효를 반감시킬 수 있습니다. 건오미자를 살 때는 곰팡이가 없고, 겉에 흰 당분 결정이 있는 게 더 맛이 좋다는 것을 기억하셔야 합니다.

10. 아로니아

아로니아의 검붉은색을 담당하는 안토시아닌은 강력한 항산화 물질로 우리 몸의 산소 찌꺼기이자 노화의 주범인 활성산소를 없애주고, 체지방을 분해하며, 혈관 속 콜레스테롤을 제거하는 역할을 합니다. 또 백내장 예방과 시력 개선에 도움을 주고 콜라겐 파괴를 억제해 피부 탄력을 지켜줍니다. 안토시아닌은 수용성 물질로 충분한 수분과 함께 먹으면 좋습니다. 따라서 분말 아로니아를 물에 타서 먹는 것도 좋은 방법입니다.

11. 산사

산사는 어혈을 풀고 혈이 잘 순환되도록 하는 활혈화어(活血化瘀) 효능이 뛰어납니다. 실제 처방에서도 혈액순환을 원활하게 하는 약재로 많이 사용됩니다. 현대 의학에서도 산사의 혈중 콜레스테롤 개선 및 혈당 관리에 도움이 된다는 연구 결과가 많습니다. 산사의 또 한 가지 큰 장점은 소화를 돕는다는 점입니다. 옛 기록에는 '식적과 오랜 체기를 풀고 기가 맺힌 것을 운행시키며 비장을 튼튼하게 한다. 특히 고기를 많이 먹어 생긴 식적을 치료한다'고 적혀 있습니다. 단, 만성질환으로 약을 먹는 분이 산사를 먹을 때는 복용하는 약물과 산사가 상호작용을 하진 않는지 반드시 확인하셔야 합니다. 산사는 혈관 확장 효과가 있기 때문에 고혈압 환자가 복용하는 혈관 확장 약물이나 칼슘 통로 차단제를 함께 먹으면 위험할 수 있습니다.

※ 냉장고에서 24시간 정도 냉침해서 먹으면 떫은맛 없이 새콤한 산사물을 드실 수 있습니다.

12. 인삼

기(氣)를 보충하는 보기약(補氣藥)의 대표가 인삼입니다. 몸이 냉하고 마르며 잔병치레가 많고 식은땀이 자주 나는 환자에게 가장 먼저 쓰는 본초가 인삼입니다. 인삼 속 사포닌 덕분인데, 인삼의 사포닌은 다른 식물의 사포닌과 구별되는 진세노사이드(ginsenoside, 인삼 배당체)로 피로 해소, 면역력·혈류·성 기능 개선, 항노화 효능이 있다고 밝혀졌습니다. 옛 의서에 인삼의 효능에 대해 이렇게 기재되어 있습니다. 「'보기구탈(補氣救脫)' : 원기를 보하고 허탈을 다스린다. '익혈복맥(益血復脈)' : 혈액 생성을 촉진하고 맥박을 고르게 한다. '양심안신(養心安神)' : 마음을 편안하게 하고 정신을 안정시킨다. '생진지갈(生津止渴)' : 체액을 보충하고 갈증을 해소한다. '보폐정서(補肺定瑞)' : 폐를 보하고 숨을 고르게 한다. '건비지사(建脾止瀉)' : 위장의 기능을 항진시키며 설사를 멈추게 한다. '탁독합창(托毒合瘡)' : 체내의 독을 제거하고 종기를 삭여준다.」 단, 이렇게 좋은 인삼이라도 누구에게나 맞는 것은 아닙니다. 몸에 열이 많고 아토피가 있거나 입이 마르고 갈증이 있는 사람은 인삼이 맞지 않으니 피하는 것이 좋습니다.

※ 인삼은 머리, 몸통, 다리로 나뉘어 있습니다. 일단 머리(뇌두)가 있고 머리 부위에 줄기를 절단한 흔적이 분명하게 남아 있으며 싱싱한 잔뿌리가 많은 게 좋습니다. 또 머리, 몸통, 다리의 균형이 잘 잡힌 인삼이 좋습니다. 눌러봐서 단단해야 부패가 잘 일어나지 않아 오래 보관할 수 있습니다. 몸통이 울퉁불퉁하지 않고 매끈하며, 잔뿌리가 많고 끊어지지 않으며 길게 뻗은 것이 좋은 인삼입니다. 잔뿌리에 사포닌 성분이 많기 때문입니다. 잔뿌리나 다리에 혹(선충 피해)이 없어야 합니다. 향이 좋고 머리 부분이 작으며 몸통은 주름이 적고 껍데기가 벗겨지지 않은 것, 또 뿌리는 연황색인 것이 좋습니다.

13. 유근피

유근피는《동의보감》에 '장과 위의 사열(邪熱)을 없애고 장염에 효과적이며 부은 것을 가라앉히고 불면증을 낫게 한다'고 기록되어 있습니다. 예로부터 호흡기 질환 처방에 주로 쓰였던 유근피를 물에 담그면 콧물처럼 끈끈한 점액 성분이 흘러나오는데, 이 점액질이 메마른 콧속을 촉촉하게 유지시켜 바이러스나 세균 등이 점막에 달라붙지 못하도록 보호하는 역할을 합니다. 유근피는 염증을 가라앉혀주는 천연 소염제로도 쓰이는데, 사포닌이 풍부해 비염은 물론이고, 면역력 강화 효과가 있어 아토피와 같은 알러지 피부염 완화에도 도움이 됩니다.

14. 마가목

성질이 따뜻하며 맛은 맵고 독이 없는 마가목에는 여러 효능이 있습니다. 피를 잘 돌게 하고 뭉친 것을 풀어주며 염증과 통증을 잡아주는데, 특히 노쇠한 이의 보양, 보혈 약재로 좋습니다. 또 비장, 신장 기능, 성 기능을 높여주고 허리의 힘과 다리 맥을 세게 하며 막힌 기혈이나 마비된 손발을 풀어줍니다. 땀을 잘 나게 하고 종기와 염증을 없애면서 흰머리를 검게 만들어주는 등의 효과가 있습니다. 마가목의 열매는 가을과 겨울에 채취해서 햇볕에 말려 쓰는데, 편도선염으로 목이 쉬어서 소리가 잘 안 나올 때 목에 있는 가래를 삭이고 기침을 멎게 하는 데 아주 좋습니다. 주로 목을 많이 쓰는 분에게 권하고 싶은 본초입니다. 차로 달여 먹거나 가루를 물에 타서 먹으면 됩니다.

15. 당귀

당귀는 여성의 하복부 지킴이 노릇을 톡톡히 하는 본초입니다. 《동의보감》에 '성질이 따뜻하고 맛은 달고 매우며 독이 없다. 어혈을 풀며, 새로운 피를 생기게 한다. 부인의 불임에 주로 쓴다. 오장을 보하며 새살을 돋게 한다'고 기록되어 있습니다. 그래서 당귀는 생리불순과 생리통 개선, 그리고 임신 준비용 보약에도 많이 쓰입니다. 그 외에도 간세포의 재생을 돕고 활성산소를 제거하며, 염증성 피부 질환을 개선할 수 있다는 연구 결과가 있습니다.

※ 당귀 잎을 차로 마시면 빈혈과 수족냉증 등 합병증을 관리하는 데 도움이 됩니다. 당귀 잎을 흐르는 물에 깨끗이 씻은 뒤 잘게 썰어서 팬에 넣고 약한 불로 수분이 날아갈 때까지 약 10분간 볶으세요. 그런 후에 오래 두지 말고 바로 차로 우려서 마십니다. 뜨거운 물 1L에 당귀 잎 3스푼을 넣고 10분 정도 연하게 우려내서 마시면 됩니다. 《동의보감》에서 당귀는 '살이 많고 윤기가 있으며 마르지 않은 것이 좋다'고 했습니다.

16. 천궁

당귀와 함께 여성에게 이로운 본초입니다. 생리불순이나 산전·산후 질환에 어혈을 푸는 약으로 가장 많이 쓰이는 약재죠. 어혈은 흘러야 할 피가 정체되어 생기는 것인데, 천궁의 매운맛이 기운을 잘 통하게 해서 혈액순환을 촉진합니다. 천궁은 혈액순환 촉진 효과 외에도 항염·항균 작용이 뛰어나고 진통, 진정 효과도 우수합니다. 단, 폐와 신장이 좋지 않아 피곤한 분, 땀이 많이 나는 분은 천궁을 오래 먹으면 안 되고, 음허(陰虛)로 인한 두통, 월경 과다가 있거나 임신한 분은 자궁 수축을 일으킬 수 있어 먹지 않는 게 좋습니다. 천궁은 뿌리에 휘발성 지방산이 들어 있어 그냥 복용하면 두통을 유발하므로 반드시 잘게 썰어서 물이나 쌀뜨물에 하루 정도 담가뒀다가 말려서 사용하는 것이 좋습니다.

17. 익모초

익모초는《동의보감》에서 '성질이 약간 차고 맛은 맵고 달며 독이 없다. 눈을 밝게 하고 정(精)을 보태며 수기(水氣, 몸 안에 수분이 머물러 있어 생기는 수종)를 없애는 데 주로 쓴다', '부인의 출산 전후 여러 병을 잘 치료해 익모초라고 부른다. 임신하게 하고 월경을 고르게 한다. 효과를 보지 않는 경우가 없기 때문에 부인의 선약(仙藥)이라고 한다'라고 기록되어 있습니다. 또 익모초는 열이 많은 분은 열이 오르는 상태를 진정시키기 때문에 건강하게 여름을 나는 데 좋습니다. 하지만 누구에게나 두루 효과를 발휘하는 약재는 아닙니다. 익모초는 몸이 찬 사람과 임신부, 몸이 냉해서 어혈이 많은 사람에게는 도리어 해로울 수 있습니다. 위장이 차고 약한 사람은 익모초를 복용하지 않는 것이 좋으며, 필요 시에는 한의사와 상담한 후 복용하시길 바랍니다.

18. 홍삼

홍삼은 6년 근 수삼을 껍질을 벗기지 않은 상태로 장시간 증기로 쪄서 건조한 인삼입니다. 이 제조 공정에서 수삼에는 없는 좋은 유효 성분이 생성됩니다. 그중에서 가장 유명한 것이 사포닌입니다. 사포닌 중에서도 홍삼에 있는 사포닌을 진세노사이드라 부르는데, 이 물질은 면역 기능 강화에 도움을 주고 피로 해소 및 기억력 개선, 항스트레스, 항피로, 혈소판 응집 억제, 간 보호 등 다양한 효능을 지닌 것이 입증되었습니다. 따라서 홍삼 제품을 구매할 계획이라면 진세노사이드 함량을 비교해보고 구매하는 것도 좋은 방법입니다.

19. 꾸지뽕

꾸지뽕나무는 줄기와 잎, 껍질, 열매가 모두 약이 됩니다. 약성은 따뜻하고 맛은 달고 쓰며 독은 없습니다. 꾸지뽕나무는 여성들의 자궁과 관련한 증상에 좋다고 알려진 본초입니다. 특히 자궁암 완화에 효과가 좋다고 알려져 있습니다. 실제로 플라보노이드인 모린, 루틴, 모르핀 등 항암에 좋은 각종 성분이 많아서 도움이 될 수 있죠. 이외에도 신경통과 관절염, 요통에 좋습니다. 줄기와 잎에 물을 부어 달여서 수시로 차로 복용하면 됩니다.

20. 녹용

《본초강목》에 따르면 녹용은 양기를 채워 간과 신장의 기운을 보하는 대표적인 보양약입니다. 녹용은 새싹이 겨울에 언 땅을 뚫고 나오듯 두꺼운 머리뼈를 뚫고 나오는데, 바로 이 하늘을 향해 자라는 생장력과 양기가 녹용의 핵심입니다. 실제 녹용은 뼈를 강화하는 데 탁월한 임상 효과가 있어 양기의 대명사로 불리며 피로, 원기 회복, 면역 증진에 효과적인 생약입니다. 현대 과학적으로 녹용에는 글리신 등 17종의 아미노산과 칼슘 등 13종의 무기질, 당류를 비롯한다양한 기능성 물질을 함유해 조혈 작용, 면역 기능 향상, 항스트레스, 성장 발육 촉진 효과에 대한 연구 결과가 발표된 바 있습니다.

21. 헛개

지구자(枳椇子)라는 본초명을 지닌 헛개는 많이 알다시피 간에 좋은 약재입니다. 모든 사람에게 쓸 수 있는 것은 아니고 반드시 술을 마시는 분에게만 사용합니다. 헛개에는 알코올을 분해하는 효소인 암페롭신, 호베니틴이 들어 있는데, 이 성분들이 숙취 해소에 직접적인 도움을 주기 때문이죠. 반면 스트레스로 간이 나빠졌거나 비알코올성 지방간 같은 경우에는 헛개가 별 효과가 없습니다. 주의할 점은 성질이 차 매일매일 먹으면 설사를 유발할 수 있고, 줄기 속 노란 부위에 피롤리지딘이나 아리스톨로크산 등 독성 물질이 있어 많이 섭취하면 독성 간염이나 신장 질환을 유발할 수 있다는 것입니다. 특히 간 질환이 있는 경우 무작정 섭취하면 안 되고 반드시 담당 한의사와 상의하시길 바랍니다.

22. 쑥

쑥은 아기를 낳는 여성에게 좋은 약재로 빼놓을 수 없는 중요한 본초입니다. 《동의보감》에는 '성질이 따뜻하고 맛은 쓰며 독이 없다', 또 '출혈을 멎게 하며 음부가 헐고 붓는 염증을 치료하고 새살이 돋게 하며, 풍한사(風寒邪, 오싹오싹 추우면서 열이 나고 온몸이 쑤시는 증상)를 물리치고 임신할 수 있게 한다'고 적혀 있습니다. 현대 약리학으로 보아도 여러모로 좋은 작용을 하는 식품으로, 항세균·항진균 작용과 항염증 작용을 합니다. 이외에도 위궤양을 억제하고 위장을 튼튼하게 하며, 세포를 보호하고 천식을 개선해 진해거담(鎭咳祛痰) 작용을 한다는 보고가 있습니다.

23. 차가버섯

차가버섯은 '러시아의 산삼'이라고도 불리는 약용 버섯입니다. 주로 추운 지방, 즉 시베리아, 북유럽 등 북위 45도 이상 지방의 혹독한 기후를 이겨내며 자작나무에 기생합니다. 혹한에서 단단하게 자라는 자작나무에 기생하는 만큼 생명력과 효능이 대단합니다. 그래서인지 차가버섯은 암 같은 성인병을 예방하고 치료하는 데 도움이 되는 식품으로 널리 알려져 있고 실제로 그 약효가 검증되어왔습니다. 이외에도 추위로 인한 호흡기의 염증성 질환과 폐 기능 저하를 완화하는 힘이 있습니다.

24. 상황버섯

항암 효과를 인정받아 인기를 끌고 있는 상황버섯은 항산화 성분인 폴리페놀이 표고버섯보다 32배, 영지버섯보다 6배 더 많이 함유되어 있어 노화를 예방하고 피로를 푸는 데 도움이 됩니다. 그뿐 아니라 혈압 강하 작용과 인슐린 분비를 촉진하는 효능이 있어 당뇨병과 합병증을 예방합니다. 또 혈관 내 저밀도 콜레스테롤 수치를 낮춰 심장병 발병 위험율을 감소시키고 결과적으로 대사증후군을 예방하는 역할을 합니다.

※ 만졌을 때 조직이 단단하며 자란 지 2년 이상 되고 여러 번 우려도 찌꺼기가 없는 것이 좋은 상황버섯입니다.

25. 영지버섯

영지버섯의 본초학적 효능은 심신 안정으로 불면증 완화에 효과적입니다. 신경쇠약으로 작은 일에도 잘 놀라거나 가슴이 뛰어 잠을 잘 못 이루고 기운이 없는 증상을 다스리며 자율신경을 조절합니다. 오래 달여서 차로 마실 수 있으나 쓴맛이 강합니다. 영지의 약리 성분은 트리터페노이드와 다당류입니다. 트리터페노이드는 간 보호, 고혈압·콜레스테롤 저하 효과가 있으며, 베타-디-글루칸으로 구성되는 다당류는 면역 조절, 항암 효능이 있습니다.

26. 강황, 울금

강황과 울금 모두 혈액순환을 촉진하고 통증을 완화하며 월경을 고르게 하는 역할을 합니다. 또 암과 치매 예방에 도움이 되는 커큐민을 함유하고 어혈을 풀어주는 공통된 효능이 있기 때문에 혼용해서 사용하기도 합니다. 그러나 강황은 성질이 따뜻한 반면, 울금은 성질이 차 한의학에서는 엄연히 다른 본초로 봅니다. 몸이 찬 사람은 강황을, 열이 많은 사람은 울금을 선택하는 것이 좋습니다. 강황이나 울금은 가루로 만들면 물에 잘 섞이지 않습니다. 또 지방과 함께 먹지 않으면 흡수도 거의 되지 않기 때문에 우유에 가루를 타서 먹거나 생선, 달걀을 이용한 요리에 조금씩 넣는 게 좋습니다. 단, 수면 장애가 있는 분, 항응고제, 혈압약, 당뇨약을 복용하는 분, 임신부, 수술을 앞둔 분, 담석이나 담도 질환이 있는 분은 부작용을 겪을 수 있으니 섭취를 피하시길 바랍니다.

27. 계피

계피는 혈액순환을 돕고 따뜻한 성질이라 수족냉증 완화 및 겨울철 면역 관리에 자주 언급되는 본초입니다. 최근에는 냉증 관리 외에도 계피의 우수한 혈당 조절 능력에 주목하고 있습니다. 국내외 많은 연구에서 계피가 당뇨 환자의 혈당을 낮추고 콜레스테롤을 줄이는 데 효과가 있다는 것이 밝혀졌습니다. 계피에 들어 있는 특별한 폴리페놀 성분이 인슐린과 유사한 역할을 하면서 세포 내에서 인슐린과 동반 상승한다는 것이 드러났기 때문이죠. 혈당을 조절하기 위해 계피를 찾으신다면 식후에 마시는 계피차가 도움이 될 수 있습니다. 계핏가루를 먹는다면 하루 3g 정도가 적당합니다.

※ 열이 많은 분에게는 잘 맞지 않을 수 있으니 전문가와 상담을 통해 드시길 바랍니다. 계피를 살 때는 다음 두 가지만 기억하면 됩니다. 원산지와 낮은 숫자! 보통 계피는 우리나라에 없는 약재이기 때문에 수입을 합니다. 베트남, 인도, 스리랑카 등에서 들여오는데, 약재로 쓰는 계피는 베트남산이 좋습니다. 우리나라에는 주로 베트남 옌바이 지역의 계피가 들어오고, 나무의 수령과 오일 함량 등을 평가해서 등급을 나눕니다. 옌바이라는 뜻의 YB에 숫자를 붙여 YB1, YB2, YB3처럼 표기하는데, YB1이 가장 좋은 겁니다.

28. 여주

여주는 《동의보감》에 성질이 차며 소갈병, 즉 당뇨에 효과가 있다고 적혀 있을 만큼 당뇨에 효능이 좋은 약초입니다. 특히 여주에서 주목해야 할 것은 '카란틴'이라는 식물 인슐린입니다. 카란틴은 간에서 당분이 연소될 수 있게 도와주며 포도당이 체내에서 재합성되지 않게 혈당을 낮춰주고 인슐린의 분비를 도와 췌장 기능을 활발하게 하는 데 도움을 줍니다. 이 식물 인슐린은 열을 가해도 파괴되지 않기 때문에 밥으로 지어 먹어도 좋습니다.

29. 백출(삽주 뿌리)

《동의보감》에서는 백출에 대해 '성질이 따뜻하고 맛은 쓰고 달며 독이 없다. 비위를 튼튼하게 하고 설사를 멎게 하며, 습(濕, 병의 원인이 되는 습기)을 없애고 소화시킨다. 땀을 멎게 하고 명치가 땅기면서 그득한 것을 치료한다. 곽란으로 토하고 설사하는 것이 멎지 않는 것을 치료하고, 허리와 배꼽 사이 혈을 잘 돌게 한다'라고 기록하고 있습니다. 백출의 역할은 비위를 보익하는 것입니다. 비위가 약한 분들은 더운 여름이 되면 맥이 약하고 식욕도 없고 피로감이 심해집니다. 이런 분들에게 좋은 본초죠. 백출의 건위·소화 작용은 만성 소화불량, 장염, 설사를 개선하는 데도 효과적입니다.

※ 좋은 백출을 고르려면 백출에 주사점, 즉 빨간 점이 많은 것을 찾는 것이 좋습니다. 백출의 주요 성분인 아트락틸론이 풍부한 백출에 빨간 점이 나타납니다.

30. 두충

두충나무의 속껍질은 관절 건강과 피로 해소에 좋습니다. 또 방광의 힘을 키워주어 요실금에도 처방됩니다. 따라서 어르신들이 차로 많이 드시는 본초입니다. 몸을 따뜻하게 해 여성 질환에도 좋으며, 혈관을 확장하는 효과가 있어 혈압을 떨어뜨리기도 합니다. 단, 열이 많거나 소화력이 약하다면 체질에 맞지 않을 수도 있습니다. 또 겉껍질은 사용하지 말고 속껍질만 사용해야 하니 혹 겉껍질과 분리되지 않은 두충을 구매하지 않도록 유의하시길 바랍니다.

집에 구비해두면 좋은 약재

영지

효능 면역력 강화, 심신 안정, 호흡기 거담 작용, 자양강장
섭취 방법 물 1L에 20g 정도 넣고 30분 이상 높은 온도에 우립니다.
선별법 갓 표면의 무늬가 뚜렷하며 벌레 먹은 구멍이 없고 갓 뒷면은 밝은 갈색을 띠는 것이 좋습니다.
보관법 통풍이 잘되는 망에 넣어 그늘진 곳에 보관합니다.

복령

효능 만성 호흡기질환 완화, 부종 완화, 위장 기능 강화, 심신 안정
섭취 방법 물 1L에 10g 정도 넣고 30분 이상 뜨거운 온도에 우립니다.
선별법 표면은 암갈색이고 잘랐을 때 절단면이 흰색이며 씹으면 점성이 있는 것이 좋습니다.
보관법 밀봉해서 상온 보관합니다.

길경(도라지)

효능 기침 가래 완화, 호흡기 거담 효과, 진통·항염증 효과
섭취 방법 목감기엔 길경 10g과 감초 2g을 300ml 물에 약한 불로 물이 반이 될 때까지 끓여서 마시거나 가글을 하면 좋습니다. 과음 후에는 길경과 칡뿌리 각각 20g과 물 500ml를 붓고 약한 불로 물이 반이 될 때까지 끓여서 꿀 1스푼과 함께 드세요.
선별법 통도라지는 가을철에 채취한 다년생의 껍질을 벗기지 않은 것이 좋습니다. 몸통이 가늘고 짧으며 흙이 남아 있는 것이 국내산입니다. 3년 근 이상이면 유효 성분이 껍질과 그 바로 밑부분으로 모이므로 잔뿌리가 많고 인삼과 같이 2~3개로 갈라진 것이 좋습니다.
보관법 통도라지는 적신 키친타월에 싸서 서늘하게 보관합니다. 깐 도라지는 색이 변하므로 물에 담가서 서늘한 곳에 보관하거나 오래 보관하려면 냉동 보관하는 것이 좋습니다.

계피

효능 혈당 조절, 콜레스테롤 저하, 체온 상승
섭취 방법 물 1L에 2~3조각 넣고 30분 이상 높은 온도에 우립니다. 가루로 먹는 경우 하루 3g 미만이 좋습니다.
선별법 우리나라에 유통되는 것 중에는 베트남 옌바이 지역의 계피가 좋습니다. 특히 옌바이를 뜻하는 YB 뒤에 붙은 숫자가 낮을수록 높은 등급의 계피로, YB3보다는 YB1이 품질이 좋습니다.
보관법 밀봉해서 상온 보관합니다.

상황

효능 면역력 강화, 항암 효과, 대사증후군 예방
섭취 방법 물 1L에 20g 정도 넣고 30분 이상 높은 온도에 우립니다.
선별법 만졌을 때 조직이 단단하고 표면과 뒷면이 갈색 또는 연노란색을 띠는 것이 좋습니다. 또 자란 지 2년 이상 된 것으로 여러 번 우려도 찌꺼기가 없는 것이 좋습니다.
보관법 통풍이 잘되는 그늘진 곳에 보관합니다.

효능 간 기능 강화, 고혈압 · 치매 예방
섭취 방법 물 1L에 씻은 구기자 열매 15g을 넣고 고운 빛이 우러날 때까지 끓여서 마시면 좋습니다. 분말로 된 것은 다양한 요리에 1스푼씩 첨가해도 됩니다.
선별법 국내산 구기자는 검붉은색을 띠며 열매의 크기가 크고 과육이 적고 씨가 큽니다. 반면 중국산 구기자는 비교적 주황색을 띠며 씨가 적고 과육이 많습니다.
보관법 습기가 들어가지 않도록 밀봉해서 서늘하고 그늘진 곳에 보관합니다.

구기자

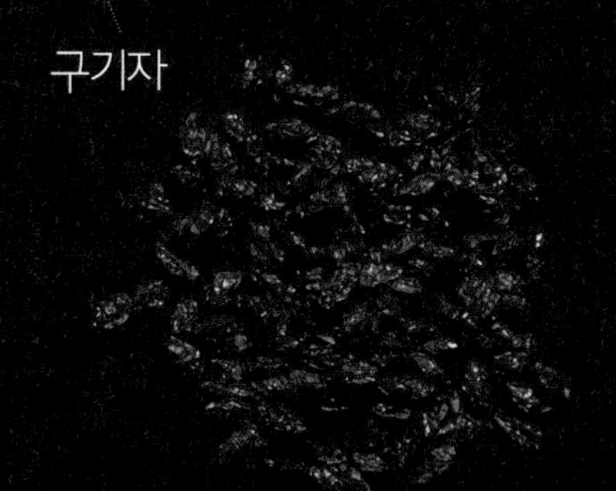

효능 혈액순환 촉진, 수족냉증 완화, 피로 해소, 관절염 완화
섭취 방법 각종 요리에 1~2스푼 넣어 먹으면 잡내를 없애고 풍미를 더할 수 있습니다. 뜨거운 물에 우려 차로 마셔도 좋습니다.
선별법 육질이 단단하고 황토색 껍질로 잘 벗겨지고 톡 쏘는 매운 향이 강한 것이 좋습니다. 흙이 묻어 있지 않고 세척된 것은 중국산일 가능성이 높습니다.
보관법 꼼꼼히 세척한 후 껍질을 제거한 뒤 편으로 썰어 냉동 보관합니다.

토종 약생강

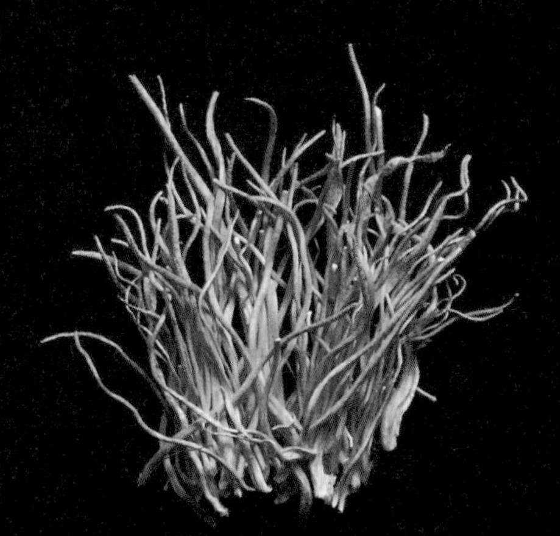

동충하초

효능 면역력 강화, 기침 가래 완화, 항암 효과
섭취 방법 하루 5~10g씩을 물에 타서 마시면 됩니다. 단, 몸에 열이 많거나 감기 기운이 있는 분은 먹지 않는 게 좋습니다.
선별법 동충하초 밑동의 색상이 얼룩이 없고 밝은 빛깔을 띠는 것, 버섯 고유의 색상이 짙은 것이 좋습니다.
보관법 생물은 가능한 한 빠른 시일 내에 섭취하는 것이 좋고 건조된 상태에서는 냉동 보관합니다.

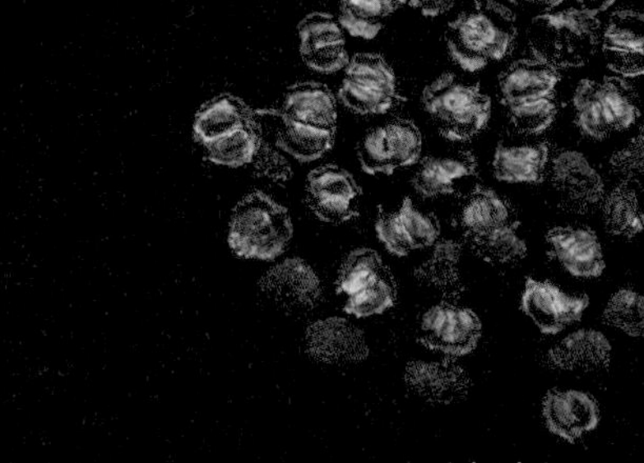

산사

효능 식적 치료, 혈압 조절, 동맥경화 예방, 하복부 통증 완화
섭취 방법 물 1L에 씨를 뺀 산사를 20g 정도 넣고 30분 이상 높은 온도에 우린 뒤 과육과 함께 먹습니다.
선별법 알이 고르고 껍질이 붉고 단단한 것, 살이 두껍고 큰 것이 좋습니다.
보관법 습기가 들어가지 않도록 밀봉해서 서늘하고 그늘진 곳에 보관합니다.

Part. 01

봄 면역 보양식

차갑게 얼었던 대지의 긴장이 풀리고 푸릇한 기운이 움트는 봄입니다.

겨우내 움츠렸던 몸에 활력을 불어넣고, 채 가시지 않은 찬 바람의 여운을 막아주는

면역 밥상으로 온기 가득한 봄을 맞이해보세요.

봄 春 호흡기 면역 / 혈액순환

봄이 되면 우리나라는 편서풍이 불어와 서쪽 기단의 영향을 받습니다. 봄이 올 때마다 몽골 지역 황사와 중국발 미세 먼지가 기승을 부리는 것은 이 때문입니다. 그래서 봄은 호흡기 면역이 특히 중요한 시기입니다. 통계청 자료에 따르면 한국인의 사망 원인 3위가 폐렴으로, 매년 조금씩 폐렴 사망률이 높아지고 있다고 합니다. 이는 대기오염이 심각해지고 있다는 의미이자 호흡기 바이러스의 공격이 점점 강해지고 있다는 의미입니다. 그뿐 아니라 건조한 기후와 큰 일교차가 일시적으로 면역력을 떨어뜨려 우리 몸이 감기를 포함한 다양한 병원체에 적절하게 대응하지 못하게 하죠.

그래서 봄 보양식에는 기관지 건조, 일교차로 인한 적정 체온 유지의 어려움 등을 고려해 폐와 기관지를 촉촉하게 만들어주고 혈액순환을 도와 몸을 따뜻하게 유지하게 해주는 재료를 골라 담았습니다.

혈액순환을 돕는 식재료와 본초는 혈당 관리나 이상지질혈증 완화에도 도움이 되니, 대사증후군 관리가 필요한 분에게 좋은 식품이 되어줄 것입니다.

- 폐기관지면역밥 기침 완화 | 진해거담 | 감기 증상 완화
- 혈관건강밥 청혈 | 콜레스테롤 배출 | 혈당 조절
- 검은콩양파죽 청혈 | 해독
- 바지락더덕솥밥 기침 완화 | 폐 보호
- 미나리수육솥밥 면역력 강화 | 해독 작용
- 멸치강된장쌈밥 뼈 건강 | 혈관 보호
- 고등어마조림 혈관 건강 | 소화 작용
- 더덕소고기찜 빈혈 예방 | 혈관 건강 | 기관지 건강
- 강황육전과 양파채무침 청혈 효과
- 들깨우거지오리탕 혈관 건강
- 주꾸미샤부샤부 피로 해소 | 혈압 조절 | 콜레스테롤 조절
- 생강소스연어찜 비타민 D | 오메가 3 | 감기 증상 완화
- 겨우살이멸치국수 저탄수화물 | 고혈압 관리 | 혈당 관리
- 비트비빔쌀국수 저탄수화물 | 고식이 섬유 | 항산화 | 항염증

폐기관지면역밥

기침완화 진해거담 감기증상완화

기침을 멎게 하고 폐를 촉촉하게 해 호흡기 면역력 증진에 도움을 주는 면역밥입니다. 만성 기침, 가래 또는 감기로 고생하는 분에게 추천합니다.

Recipe

· 2인분

· 20분 소요

재료 ·쌀 1컵 ·검은콩 ⅓컵 ·율무 ⅓컵 ·기장 ⅓컵 ·도라지 2~3뿌리

※ 씹는 게 불편하거나 소화가 잘 안 되는 분은 도라지를 잘게 채 썰어 준비해주세요. 도라지 대신 더덕을 사용해도 됩니다.

재료 도감

· **도라지** … 진해거담 작용으로 감기, 급성 인후염, 편도선염이 심해서 목이 아플 때 통증과 염증을 가라앉혀줍니다.

· **검은콩** … 흑두라고 해서, 예로부터 기침이나 열병이 났을 때 해독약으로 쓰던 본초입니다.

· **율무** … 이뇨 작용이 뛰어나고 열을 식혀 기관지 천식의 염증을 완화하는 효과가 있습니다.

· **기장** … 《본초강목》에 따르면 속을 편안하게 하고 목이 마른 증상을 없애준다고 되어 있습니다.

1 쌀과 잡곡은 깨끗이 씻어 물에 불립니다.

2 도라지는 먹기 좋게 채 썰어 준비합니다.

3 불린 쌀과 잡곡, 도라지를 밥솥에 넣고 밥물을 1:1 비율로 넣어 밥을 지은 뒤 잘 섞습니다.

김소형 원장의 면역 특강

궁합 백미 대신 현미를 사용하면 좀 더 건강하게 먹을 수 있습니다. 단, 소화력이 약한 분은 백미를 쓰세요.

약념 본초 복령과 맥문동을 각각 2~3조각 넣어 우린 물로 밥을 하면 폐와 기관지를 보하는 데 도움이 됩니다.

혈관건강밥

청혈 콜레스테롤배출 혈당조절

혈중 콜레스테롤 수치 개선과 혈당 조절에 좋은 성분이 가득한 혈관건강밥입니다. 일반 백미밥 대비 칼로리와 혈당 지수가 낮습니다. 또 식이 섬유 함량이 높아 장 건강에 좋습니다.

Recipe

· 3인분
· 20분 소요

재료 ·쌀 1컵 ·귀리 ½컵 ·수수 ½컵 ·팥 ⅓컵 ·우엉 ½컵(50g) ·당근 ⅓개(50g) ·팽이버섯 ½봉지(50g) ·건표고버섯 ½줌 ·다시마 2~3조각

※ 우엉은 채 썬 뒤 물에 담가놓으면 갈변을 막을 수 있습니다.

재료 도감

· **귀리** … 베타글루칸이 혈중 콜레스테롤 수치를 낮추는 데 도움을 줍니다.
· **수수** … 혈전 생성을 억제하고 LDL 콜레스테롤 수치를 떨어뜨리는 효과가 있습니다.
· **팥** … 이뇨 작용, 배변 활동에 도움을 주어 노폐물을 배출하고 부종을 완화합니다.
· **우엉** … 장에 남아 있는 콜레스테롤, 담즙 등을 체외로 배출해 혈중 콜레스테롤 수치를 안정화하는 데 도움을 줍니다.

1 쌀과 잡곡은 깨끗이 씻어 물에 불립니다.

2 표고버섯은 물에 불리고, 우엉, 당근은 채 썰어 준비하고, 팽이버섯은 밑동을 잘라 준비합니다.

3 불린 쌀과 잡곡, 우엉, 당근, 표고버섯, 팽이버섯, 다시마를 밥솥에 넣고 밥물을 1:1 비율로 넣어 밥을 지은 뒤 잘 섞습니다.

김소형 원장의 면역 특강

혈관보호간장(P.043) 3스푼을 넣어 밥을 지으면 감칠맛 나는 밥이 완성됩니다. 단, 나트륨 섭취량 조절이 필요하다면 간하지 마세요. 다시마 2~3조각을 넣으면 수용성 식이 섬유 함량을 높이고 감칠맛도 배가됩니다.

여주 2~3조각을 우린 물로 밥을 하면 혈당 조절 효과를 기대할 수 있습니다.

검은콩양파죽

청혈 해독

피를 맑게 하는 양파와 단백질, 안토시아닌이 풍부한 검은콩을 주재료로 한 죽입니다. 쌀을 넣지 않아 혈당을 관리하는 분에게도 좋으며, 단·탄·지 균형이 좋아 한 끼 식사로도 손색이 없습니다.

Recipe

· 1인분
· 30분 소요

재료 · 검은콩(서리태) 1컵(불리면 2컵) · 양파 1개 · 올리브 오일 1스푼
※ 올리브 오일 특유의 향이 싫다면 현미유 또는 참기름을 사용해도 좋습니다.

재료 도감

· **양파** … 혈당 조절을 돕고 지방과 탄수화물 대사 작용에 관여하는 크롬이 풍부합니다.
· **검은콩** … 단백질 함량이 40% 정도 되어 일반적인 죽에 부족한 단백질을 넉넉히 보충해줍니다.
· **올리브 오일** … 항산화 물질과 함께 몸에 좋은 불포화지방산이 풍부합니다.

1 양파는 얇게 채 썰어서 준비합니다.

2 약한 불로 달군 팬에 올리브 오일을 넣고 양파가 갈색이 되도록 달달 볶습니다.

3 반나절 불린 검은콩 2컵(마른 콩 1컵을 불리면 2컵이 됩니다)에 물 1L를 붓고, 콩이 다 익어 손으로 눌렀을 때 잘 뭉개질 때까지 삶습니다.

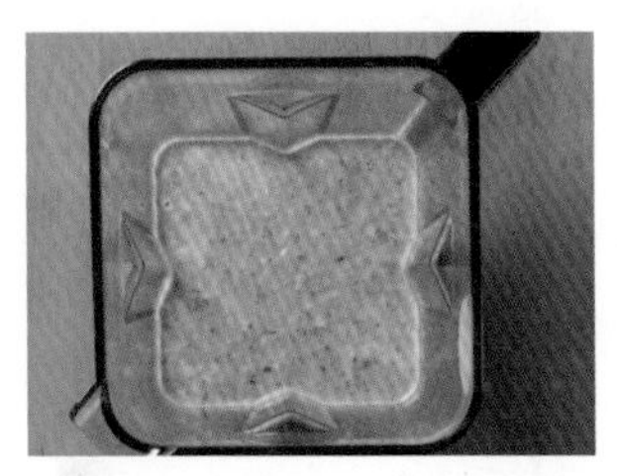

4 검은콩과 충분히 식힌 콩 삶은 물, ②의 볶은 양파를 핸드 블렌더나 믹서로 함께 갈아줍니다.

5 원하는 농도가 될 때까지 끓입니다.

김소형 원장의 면역 특강

혈관보호간장(P.043) 1~2스푼과 함께 드세요. 들깨 1스푼을 추가하면 혈관 건강에 도움이 되는 오메가 3 함량이 늘어나고 고소한 맛도 증가합니다.

검은콩을 삶을 때 감초 1~2조각을 넣어 함께 삶으면 숙취 해소용 죽으로도 활용할 수 있습니다.

바지락더덕솥밥

기침완화

기관지 건강에 좋은 더덕과 감칠맛이 좋은 바지락을 이용한 솥밥입니다. 완성 후 그릇에 옮겨 담고 약념간장 1스푼을 넣으면 건강한 한 끼 식사가 완성됩니다.

Recipe

· 2인분
· 30분 소요

재료 · 백미 1컵 · 현미 1컵 · 바지락 20~30개 · 더덕 2~3뿌리 · 들깨 1스푼

국물 · 다시마 1~2조각

※ 더덕의 오독오독한 느낌이 좋다면 찧지 말고 썰어주세요. 껍질이 없는 바지락 살을 구매하면 편리하지만 껍질째 국물을 내는 편이 감칠맛이 더 좋습니다. 준비한 솥이나 가스레인지 화력에 따라 조금씩 차이는 있지만, 강한 불에서 시작해 끓기 시작하면 약한 불에서 7~8분 정도 조리하고 불을 끈 뒤 5분 이상 뜸 들이세요.

재료 도감

· **더덕** … 위를 튼튼하게 하고 가래를 없애줍니다.
· **들깨** … 기침과 갈증을 멎게 하며, 폐를 보해주고 오메가 3가 풍부합니다.
· **바지락** … 저지방 고단백 식품으로 음식에 넣으면 감칠맛이 배가됩니다.

1 바지락은 해감해서 준비합니다.

2 솥밥 조리가 가능한 뚜껑이 있는 두꺼운 솥에 물 1L를 넣고 다시마와 바지락을 함께 삶습니다.

3 바지락 껍질이 열리면 속살을 발라내 껍질과 분리합니다.

4 더덕은 방망이나 칼등을 이용해 부드럽게 찧고 먹기 좋게 썰어 줍니다.

5 ②의 물에서 다시마를 건져낸 뒤 국물이 식으면 적당량의 물만 남겨 백미, 현미, 바지락 살, 더덕을 넣고 뚜껑을 닫아 조리합니다.

6 완성된 밥에 들깨를 넣고 섞어 줍니다.

김소형 원장의 면역 특강

궁합 약념간장(P.042) 1~2스푼을 첨가해 함께 드세요. 피를 맑게 하는 미나리나 피로 해소에 좋은 콩나물을 뜸 들이는 과정에 넣은 뒤 10분 정도 후에 먹으면 더욱더 건강한 솥밥으로 즐길 수 있습니다.

약념 본초 잔대 뿌리 2조각을 함께 넣고 밥을 하면 폐를 촉촉하게 해서 호흡기 면역력을 높일 수 있습니다.

미나리수육솥밥

면역력강화 해독작용

피를 맑게 하는 다양한 채소를 듬뿍 넣은 수육 솥밥입니다. 굽지 않아도 맛있고 더 건강한 삼겹살 요리를 즐길 수 있습니다.

Recipe

· 2인분
· 1시간 소요

재료 ·백미 1컵 ·귀리 1컵 ·미나리 1+½컵 ·통삼겹살 300g ·맥주 ½캔(170cc) ·양배추 잎 5~6장 ·양파 ½개 ·대파 ½대 ·통마늘 10개 ·간장 4스푼 ·후춧가루 약간

※ 삼겹살은 지방(껍질) 부분이 위로 오게 냄비에 넣어야 살코기를 먼저 익히기에 좋습니다.

재료 도감

· **미나리** … 미나리는 성질이 서늘하고 청열해독(清熱解毒) 작용을 해 속열로 가슴이 답답하면서 갈증이 날 때 좋습니다. 또 소화기를 튼튼하게 하고 식욕부진, 소화불량에 좋으며 대장 건강을 지키는 데 도움이 됩니다.

· **돼지고기** … 《동의보감》에 돈육(豚肉)은 '혈맥(血脈)이 약하며 근골(筋骨)이 약한 것을 치료한다'고 했습니다. 또 단백질은 물론, 아연과 비타민 B군도 풍부해 활력을 주고 면역력을 높입니다.

1 냄비 바닥에 양배추, 삼겹살, 양파, 대파 순으로 차곡차곡 넣습니다.

2 간장과 후춧가루로 간한 뒤 마늘을 올리고 맥주를 붓습니다.

3 뚜껑을 닫고 약한 불에 40분간 쪄서 익힌 뒤 고기와 마늘, 양파, 양배추, 대파를 건져 먹기 좋게 썰어 준비해둡니다.

4 다른 솥밥용 냄비에 백미와 귀리를 넣어 밥을 짓습니다.

5 밥이 거의 다 되었을 때 먹기 좋게 썬 삼겹살과 마늘, 양파, 대파, 양배추, 미나리를 넣은 다음 5분간 뜸 들입니다.

김소형 원장의 면역 특강

고기를 삶을 때 월계수 잎을 2~3장 추가하면 잡내를 잡는 데 좋습니다. 일반 간장 대신 약념간장(P.042)을 ½컵 넣으면 더 좋습니다.

밥을 지을 때 강황 1티스푼을 추가하면 느끼한 맛을 잡고 강황의 청혈 효과도 기대할 수 있습니다. 수육을 만들 때 산사 10~20알 정도를 함께 넣으면 고기가 부드럽게 익습니다.

멸치강된장쌈밥

뼈건강 혈관보호

칼슘이 혈관이 아닌 뼈로 갈 수 있도록 도와주는 메나퀴논이 풍부한 청국장을 활용한 쌈밥입니다. 한번 만들면 두고두고 먹을 수 있어서 편합니다.

Recipe

· 2인분
· 30분 소요

재료 · 청국장 1컵 · 잔멸치 1줌 · 말린 표고버섯 2~3개 · 두부 1/2모 · 대파 1/2대 · 애호박 1/3개 · 양파 1/2개 · 다양한 쌈 채소 적당량 · 참기름 1스푼

※ 애호박이나 양파 대신 냉장고에 있는 다양한 채소를 활용해도 좋습니다.

재료 도감

· **청국장** … 발효 식품으로 비타민 K_2, 메나퀴논이 아주 풍부한 식품입니다. 메나퀴논은 뼈에 칼슘과 무기질이 붙게 하는 접착제 성분을 활성화하는 역할을 합니다.

· **잔멸치** … 큰 멸치에 비해 칼슘과 비타민 D 함량이 높습니다.

· **표고버섯** … 비타민 D가 풍부한 식품으로, 말리면 비타민 D 함량이 증가합니다.

1 말린 표고버섯은 물 3컵에 불립니다.

2 대파, 애호박, 양파, 불린 표고버섯은 잘게 썰고, 두부는 작은 주사위 모양으로 썰어줍니다.

3 잔멸치는 기름 없이 냄비에 넣고 중간 불에서 달달 볶아줍니다.

4 멸치 비린내가 날아가면 ②의 채소와 두부를 넣고 표고버섯 불린 물을 넣은 뒤 끓입니다.

5 국물이 끓으면 청국장을 넣고 중간 불로 줄인 뒤 살짝 졸아들어 걸쭉해지면 불을 끕니다.

6 밥 위에 강된장 적당량과 참기름을 얹고 다양한 쌈채소와 함께 드세요.

김소형 원장의 면역 특강

생표고버섯일 경우 햇빛에 30분~1시간 정도 뒤집어 말려주면 비타민 D 함량을 높일 수 있습니다. 혈관건강밥(P.076)과 함께하면 더욱 좋습니다.

성질이 따뜻한 강황을 1스푼 추가하면 혈관을 더욱 깨끗이 해줍니다. 냉장 보관해 차갑게 먹어도 좋습니다.

고등어마조림

혈관건강 소화작용

불포화지방산이 풍부한 등 푸른 생선인 고등어, 소화기와 기관지에 좋은 마를 주재료로 한 조림입니다. 심혈관 질환을 예방하면서 부드럽고 소화가 잘되는 음식을 찾는 분께 좋습니다.

Recipe

· 2인분
· 30분 소요

재료 ·고등어 1마리 ·마 2컵(250g) ·대파 1대

양념 ·고춧가루 2스푼 ·간장 2스푼 ·청국장 또는 된장 1스푼 ·다진 마늘 2스푼 ·다진 생강 1티스푼 ·후춧가루 약간

국물 ·국물용 멸치 10마리 ·다시마 1~2조각

※ 바닥이 두꺼운 솥을 이용해 조림을 하면 타는 것을 예방할 수 있습니다.

재료 도감

· **고등어** … 오메가 3 같은 불포화지방산과 비타민 D가 풍부합니다.

· **마** … 혈관과 기관지, 소화기 모두에 이로운 끈적한 점액질이 있는 식품입니다.

1 고등어는 잘 손질해 먹기 좋은 크기로 썰어줍니다.

2 마는 2~3cm 두께로 썰어놓습니다.

3 물 1L에 멸치와 다시마를 넣고 끓여서 국물을 500ml 정도로 만듭니다.

4 양념 재료를 한데 넣고 섞은 뒤 고등어에 버무려줍니다.

5 냄비 바닥에 마를 먼저 깔고 양념한 고등어를 올린 다음 ③의 국물과 송송 썬 대파를 넣습니다.

6 끓기 시작하면 바닥이 타지 않게 약한 불로 줄이고 뚜껑을 닫아 15분 이상 충분히 익힙니다.

김소형 원장의 면역 특강

궁합 일반 간장 대신 약념간장(P.042) ⅓컵을 쓰면 좋습니다. 또 약념조청(P.042) 1~2스푼을 넣으면 더 깊은 맛을 낼 수 있습니다.

약념 본초 국물을 낼 때 말린 우엉 3~4조각을 넣고 함께 끓이면 구수한 맛이 나고 혈관 건강에 더 도움이 됩니다.

더덕소고기찜

빈혈 예방 혈관건강 기관지건강

기관지와 혈관 건강에 좋은 더덕과 쫄깃한 고단백 소고기가 만나 씹는 맛이 좋은 소고기찜입니다.

Recipe

· 3인분
· 30분 소요

재료 · 소고기 부챗살 600g · 더덕 2뿌리 · 양파 ½개 · 대파 1대
양념 · 간장 4스푼 · 올리고당 3큰술 · 다진 마늘 1스푼 · 다진 생강 1티스푼 · 후춧가루 약간 · 참기름 2~3스푼
고명 · 청고추 ½개 · 홍고추 ½개 · 들깨 ½스푼

※ 소갈비처럼 기름이 많은 부위로 만들 때는 미리 한번 끓여서 기름을 충분히 제거해주세요. 양념 재료에 소화(제)식초(P.046)를 1~2스푼 넣으면 소고기찜이 좀 더 부드러워집니다.

재료 도감

· **소고기** … 철분이 많은 육류로 여성에게 좋은 단백질 식품입니다.
· **더덕** … 가래 완화에 도움이 되며 하얀 진액에 고혈압에 좋은 사포닌이 들어 있습니다.

1 소고기는 한입 크기로 썰어놓습니다.

2 더덕은 방망이로 찧거나 깍둑 썰어 준비합니다.

3 참기름을 제외한 분량의 양념 재료를 섞습니다.

4 냄비에 소고기와 더덕, ③의 양념을 넣고 버무린 뒤 물 1컵을 넣어 끓입니다.

5 고기가 부드럽게 익으면 양파, 대파를 넣고 3분 정도 더 조린 뒤 불을 끄고 참기름을 둘러줍니다.

6 청고추, 홍고추, 들깨를 고명으로 올립니다.

김소형 원장의 면역 특강

궁합 올리고당 대신 약념조청(P.042)을 사용하면 좋습니다. 당근이나 감자 등을 소량 추가해도 좋습니다.

약념 본초 산사 10알을 추가하면 소고기 속 포화지방과 콜레스테롤이 미치는 영향을 줄일 수 있습니다. 계핏가루 ½티스푼을 넣으면 은은하고 독특한 풍미와 함께 좀 더 건강하게 먹을 수 있습니다.

강황육전과 양파채무침

청혈효과

청혈 효과가 뛰어난 양파와 강황을 사용한 육전입니다. 탄수화물, 단백질, 지방을 모두 포함해 식사 대용으로 드시기에도 좋습니다.

Recipe

· 2~3인분
· 30분 소요

재료 ·육전용 소고기 300g ·멥쌀가루 2/3컵 ·강황가루 1스푼 ·달걀 2개 ·양파 1개 ·소금 약간 ·후춧가루 약간 ·식용유 적당량

양파채소스 ·간장 1/4컵 ·다진 청양고추 1개 ·다진 마늘 1/2스푼 ·조청 1스푼 ·식초 1/2스푼

※ 조청이 없다면 올리고당을 사용해도 됩니다.

재료 도감

· **강황** … 강황에 함유된 커큐민은 혈중 콜레스테롤 수치를 안정시키는 효과가 있습니다.

· **양파** … 피를 맑게 하는 성분인 퀘르세틴이 풍부합니다.

1 소고기는 키친타월 등으로 한 장 한 장 핏물을 제거한 뒤 소금과 후춧가루로 간해둡니다.

2 양파는 얇게 채 썰어놓고, 쌀가루에 강황을 섞어서 준비합니다.

3 소고기에 ②의 쌀가루를 얇게 입힌 뒤 달걀물에 적십니다.

4 달군 팬에 식용유를 두르고 ③을 부칩니다.

5 분량의 재료로 만든 양파채소스를 채 썬 양파에 버무립니다.

6 육전에 ⑤를 얹어 함께 드세요.

김소형 원장의 면역 특강

간장, 조청, 식초는 약념 조미료(P.042)로 사용하면 좋습니다. 몸에 열이 많다면 강황 대신 울금을 사용해도 좋습니다.

기침 감기에 걸렸다면 양파채소스에 오미자가루 1티스푼을 넣으면 좋습니다.

들깨우거지오리탕

불포화지방산이 많은 오리와 들깨가 만나 좋은 콜레스테롤인 HDL 수치를 높여주는 보양탕입니다.

혈관건강

Recipe

· 2인분
· 30분 소요

재료 · 생오리살 600g(뼈 있는 오리는 ½마리) · 들깨 1컵 · 데친 우거지 4컵 · 느타리버섯 1팩(150g) · 다진 마늘 2스푼 · 다진 생강 1티스푼 · 국간장 2스푼 · 된장 2스푼

※ 우거지 대신 시래기를 넣어도 됩니다.

재료 도감

· **오리** … 오리는 예로부터 위를 보하고 기침을 완화하는 것으로 알려져 있습니다. 특히 육류 중 예외적으로 알칼리성 식품이자 불포화지방산 함량이 높아 혈관 건강에도 유익합니다.

· **들깨** … 현대인에게 부족한 오메가 3 함량이 높은 식품입니다.

· **우거지** … 식이 섬유가 풍부해 장내 환경을 개선하고 혈중 콜레스테롤 수치를 떨어뜨리는 데 도움을 줍니다.

1 오리는 흐르는 차가운 물에 충분히 헹궈서 준비합니다. 통오리를 구매했다면 지저분한 부속물을 잘 제거해주세요.

2 냄비에 물 1L와 데친 우거지, 된장을 넣고 끓입니다.

3 오리 살과 다진 마늘, 다진 생강, 들깨를 넣고 중간 불에서 15분 이상 끓입니다.

4 마지막으로 느타리버섯을 넣고 국간장으로 간한 뒤 2~3분 더 끓인 다음 불을 끕니다.

김소형 원장의 면역 특강

몸에 열이 많은 분은 미나리를, 몸이 냉한 분은 부추 또는 고춧가루를 함께 넣어 먹으면 좋습니다. 감기에 걸렸을 때는 폐기관지면역밥(P.074)과 함께 먹으면 좋습니다.

고혈압인 분은 탕을 끓일 때 겨우살이 6~7조각을 함께 넣고 끓이면 좋습니다. 겨우살이는 우린 뒤 먹기 전에 건져주세요.

주꾸미샤부샤부

피로해소 혈압조절 콜레스테롤조절

피로 해소에 좋은 주꾸미와 혈관 건강에 좋은 본초로 국물을 내 보약같이 먹을 수 있는 샤부샤부입니다. 살짝 데친 채소, 버섯에는 항암 효과가 있습니다.

Recipe

· 2인분
· 40분 소요

재료 · 주꾸미 300g · 모시조개 10개 · 각종 채소(청경채·알배추·쑥갓·미나리·봄동·팽이버섯·느타리버섯·표고버섯 등) 적당량
국물 · 다시마 2조각 · 가쓰오부시 1줌(없으면 멸치로 대체) · 대파 1대 · 겨우살이 1/3컵 · 국간장 1/3컵
소스 · 간장 1/3컵 · 조청 2스푼 · 식초 1스푼 · 다진 마늘 1/2스푼 · 다진 달래 2스푼 · 물 1/4컵
※ 모시조개 대신 바지락을 사용해도 좋습니다. 달래 대신 부추나 쪽파 또는 청양고추를 사용해도 좋습니다.

재료 도감

· **주꾸미** … 타우린이 풍부해 피로 해소를 돕는 저지방 고단백 식품입니다.
· **모시조개** … 알코올 분해를 도와 숙취 해소 효과가 있습니다. 또 특유의 감칠맛으로 요리의 풍미를 올려줍니다.
· **겨우살이** … 혈압 조절 능력과 청혈 작용을 인정받은 본초입니다. 우려내면 구수한 맛이 납니다.

1 모시조개는 해감을 하고 주꾸미는 내장을 제거해 준비합니다.

2 냄비에 물 2L를 넣고 국물 재료를 넣어 중간 불에서 10분 정도 끓입니다.

3 ②에서 건더기를 모두 걸러내고 국물만 냄비에 담습니다.

4 ③을 약한 불에 올려 주꾸미, 모시조개를 넣고 3분 이상 끓입니다.

5 깨끗하게 씻어 먹기 좋게 손질한 채소와 버섯도 넣고 함께 끓입니다.

6 분량의 재료로 만든 소스에 주꾸미, 채소를 찍어 먹습니다.

김소형 원장의 면역 특강

궁합

국물 재료 중 국간장 대신 약념간장(P.042)을 사용하면 좋습니다.

약념 본초

국물 재료에 잔대 뿌리 1/3컵을 추가하면 숙취 해소에 더욱 좋은 요리가 완성됩니다.

생강소스연어찜

비타민D 오메가3 감기증상완화

전기밥솥으로 간편하게 만드는 연어찜과 알싸한 풍미가 좋은 생강소스입니다. 심혈관에 좋은 재료를 다양하게 넣어 심장 건강을 지킬 수 있습니다.

Recipe
· 3인분
· 30분 소요

재료 ·스테이크용 연어 3덩이(600g) ·단호박 2컵(300g) ·양파 1/2개 ·방울토마토 10개 ·후춧가루 약간 ·소금 약간 ·올리브 오일 약간

소스 ·다진 생강 2티스푼 ·다진 마늘 1스푼 ·맥주 또는 레드 와인 1/2컵 ·올리고당 1/3컵

※ 소스 재료 중 올리고당과 생강은 체온면역조청(P.057)으로 대체 가능합니다.

재료 도감

· **연어** … 비타민 D와 오메가 3가 풍부한 생선입니다.

· **단호박** … 베타카로틴이 풍부해 시력을 보조하고 활성산소를 제거합니다. 칼로리가 낮아 부담 없이 먹을 수 있습니다.

· **생강·마늘** … 느끼한 맛과 비린내를 잡아주고 항균 효과를 발휘해 생선 요리와 잘 어울립니다.

1 연어는 소금, 후춧가루로 간해 준비합니다.

2 전기밥솥에 종이 포일을 오목하게 깔고 그 위에 적당한 크기로 썬 양파를 먼저 올립니다.

3 연어, 썰어둔 단호박, 방울토마토를 넣고 올리브 오일을 살짝 뿌려줍니다. 뚜껑을 닫고 기본 설정으로 15분간 익힙니다.

4 분량의 재료로 만든 소스를 팬에 넣어 약한 불에서 저어가며 졸입니다.

5 살짝 묽어지면 불을 끄고 옮겨 담은 뒤 연어찜과 함께 드세요.

김소형 원장의 면역 특강

궁합 양파와 함께 대파를 깔고 조리하면 풍미가 더욱 좋아집니다. 레몬 1조각, 로즈메리 등을 추가하면 손님 대접 요리로도 좋습니다.

약념본초 연어 밑간을 할 때 오디 또는 구기자가루를 약간 뿌리면 비린내를 잡고 혈압 관리에 도움을 받을 수 있습니다.

겨우살이멸치국수

저탄수화물 고혈압 관리 혈당 관리

혈압 관리에 좋은 겨우살이로 우려낸 국물에 면을 줄이는 대신 버섯을 넣어 탄수화물을 낮춘, 건강한 멸치국수입니다.

Recipe

· 1인분
· 30분 소요

재료 ·소면 50g ·팽이버섯 1팩(100g) ·달걀 1개 ·당근 약간 ·애호박 약간 ·양파 약간 ·국간장 2~3스푼 ·김가루 약간

국물 ·겨우살이 1/3컵 ·멸치 1/2컵 ·다시마 2조각 ·건표고버섯 2개

※ 팽이버섯 대신 새송이버섯을 길게 채 썰어 사용해도 좋습니다. 양이 적다고 느껴진다면 팽이버섯 양을 늘려도 좋습니다.

재료 도감

· **팽이버섯** … 이 요리에서 부족한 소면의 양을 보충하는 역할을 합니다. 삶은 소면에 비해 탄수화물은 24%, 칼로리는 13%밖에 되지 않아 국수를 저탄수화물, 저칼로리 음식으로 만들어줍니다.

· **겨우살이** … 혈압 관리에 특효이자 최근에는 항암제로 인정받은 다재다능한 본초입니다.

1 끓는 물에 소면을 삶은 뒤 꺼내어 찬물에 헹궈둡니다.

2 냄비에 물 1L를 넣은 뒤 국물 재료를 넣고 물이 2/3로 줄어들 때까지 끓입니다.

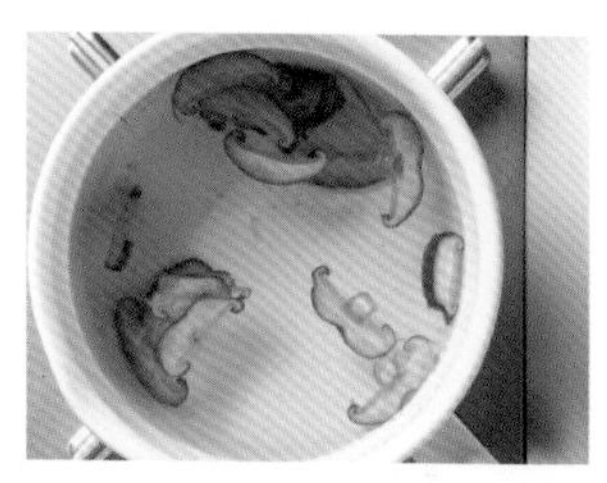

3 국물 재료를 모두 건져내되 표고버섯은 썰어서 다시 냄비에 넣습니다.

4 ③에 당근, 애호박, 양파를 채 썰어 넣고 팽이버섯의 밑동을 잘라 적당한 크기로 손질해 넣은 뒤 3분간 삶다가 달걀을 풀어 넣고 약한 불로 줄입니다.

5 소면과 국간장을 넣고 1분 이내로 짧게 끓인 뒤 그릇에 옮겨 담고 김가루를 얹어 냅니다.

김소형 원장의 면역 특강

국간장 대신 약념간장(P.042)을 사용하면 좋습니다.

국물을 낼 때 마가목을 2~3조각 넣으면 피가 잘 돌게 하고 기침을 멎게 하는 데 도움을 받을 수 있습니다.

비트비빔쌀국수

저탄수화물 고식이섬유 항산화 항염증

항산화 물질이 풍부한 비트를 맛있게 섭취할 수 있는 비빔쌀국수입니다. 탄수화물 함량은 줄이고 식이 섬유 함량은 높여 변비가 있는 분에게 좋습니다.

Recipe

· 1인분
· 30분 소요

재료 · 쌀국수 면 50g · 콩나물 1/2줌(100g) · 비트 1/2컵 · 양파 1/4개 · 치커리·상추 등 잎채소 약간 · 참기름 1스푼 · 삶은 달걀 1개

양념장 · 고추장 1스푼 · 식초 1스푼 · 간장 1티스푼 · 다진 마늘 1티스푼 · 올리고당 1스푼 · 통깨 1/2스푼 · 후춧가루 약간 ※ 쌀국수 면 두께는 1~2mm 정도가 양념이 잘 배어들어 좋습니다.

재료 도감

· **비트** … 베타인이라는 색소가 세포 손상을 억제하고 토마토의 8배에 달하는 항산화 작용으로 암을 예방합니다. 또 염증을 완화하는 효과가 있으며, 철분이 풍부해 가임기 여성에게도 좋습니다.

· **콩나물** … 이 레시피에서 면을 대체하는 재료입니다. 삶은 쌀국수 면에 비해 탄수화물이 16%, 칼로리는 30%밖에 되지 않아 다이어트에도 좋습니다.

1 비트, 양파, 잎채소는 얇게 채 썰어 물에 담가둡니다.

2 쌀국수 면은 한번 삶아 찬물에 헹궈 물기를 뺀 뒤 참기름에 버무려 준비해둡니다.

3 면 삶은 물에 콩나물을 1분 이내로 빠르게 데칩니다.

4 분량의 재료로 양념장을 만든 뒤 바로 콩나물과 쌀국수 면을 버무립니다.

5 그릇에 면과 콩나물을 올린 다음 ①과 삶은 달걀을 얹어 완성합니다.

김소형 원장의 면역 특강

삶은 달걀 대신 미나리수육(P.082) 또는 강황육전(P.090)과 함께 먹으면 탄수화물, 단백질, 지방을 균형 있게 섭취할 수 있습니다. 올리고당 대신 약념조청(P.042)을 사용하면 좋습니다.

양념장에 오디 또는 구기자가루를 1티스푼 뿌리면 혈압 관리 및 항산화에 보조적인 도움을 받을 수 있습니다.

봄 보양식은

어머니의 애정 어린 잔소리 같다.

따뜻한 봄바람이 불어와도

내 자식 추울까 걱정하며

기어이 도톰한 외투를 손에 들려주고야 마는

마음과 닮았다.

Part. 02

夏

여름 면역 보양식

울창한 녹음이 감동을 주는 여름입니다.

대지는 충만한 에너지를 흡수하며 자란 식재료로 가득하죠.

더위로 소실된 진액을 보충하고 위장 면역력을 높이는 보양식으로

어느 때보다 활력 있는 여름을 보내세요.

여름 夏

원기 회복 / 장 면역력 / 탈수 예방

삼면이 바다로 둘러싸인 우리나라의 여름은 습도가 높아 무더운 것이 특징입니다. 이런 날씨에는 땀을 통해 배출되는 체수분 양이 증가하기 때문에 음식을 통한 진액 보충이 매우 중요합니다. 특히 노년기에 접어든 어르신들은 갈증을 인지하지 못하는 경우가 많아 탈수나 열사병으로 위험한 상황에 빠지는 일이 매년 발생합니다. 젊은 사람들도 더위에 시달리다 보면 평소보다 쉽게 지치고 무력감을 느끼곤 합니다. 지나친 냉방으로 감기에 걸리는 아이러니한 상황도 겪습니다. 이런 일들을 예방하기 위해서는 충분한 수분과 원기 회복에 도움을 주는 식품을 섭취해 체내 면역력을 높여야 합니다.

여름철의 또 다른 문제점은 식중독 균이 번식하기 쉬운 계절이라는 것입니다. 온도와 습도가 높은 장마철에는 특히 식중독 균이 번식하기 좋은 환경이 됩니다. 식중독을 예방하는 가장 좋은 방법은 위생적으로 관리한 식품을 섭취하는 것이지만, 평소 위장을 튼튼하게 하는 식품으로 장 면역력을 높인다면 예기치 못하게 탈이 나더라도 가볍게 극복할 수 있습니다.

따라서 여름 보양식에는 진액을 보충해 탈수를 예방하고 원기 회복을 도우며, 위와 장을 튼튼하게 만들어주는 식재료를 가득 담았습니다. 평소 체력이나 소화력이 약한 분에게도 좋은 식단이 되어줄 것입니다.

· 위장튼튼밥 위벽 보호 | 장내 환경 개선

· 원기회복밥 원기 회복 | 면역력 강화

· 귀리마된장죽 속 편한 음식 | 위장 보호 | 해장

· 능이버섯소갈비탕 기력 회복 | 고단백 | 단백질 소화

· 문어우엉솥밥 자양강장 | 변비 해소 | 콜레스테롤 배출

· 매실장어솥밥 자양강장 | 면역력 강화 | 기력 보강

· 참치무조림덮밥 고단백 | 오메가 3 | 비타민 D

· 청국장제육볶음 고단백 | 뼈 건강

· 애호박녹두전과 참나물무침 해열 | 단·탄·지 균형 | 소화 원활

· 한방삼계탕 원기 회복 | 몸보신 | 기력 보강

· 소고기수육월남쌈 고식이 섬유 | 항산화 영양소 | 소화 원활

· 오리고기가지말이 보양식 | 해열 | 알칼리성 식품

· 멸치고추장물국수 저탄수화물 | 칼슘 풍부 | 식욕 회복

· 마크림콩국수 저탄수화물 | 위장 보호 | 고단백

위장튼튼밥

위벽보호 장내환경개선

더운 날씨로 식중독 사고가 많은 여름에 공격받기 쉬운 위와 장을 튼튼하게 하는 밥으로, 면역 장벽을 견고하게 하고 소화 기능을 보조해줍니다.

Recipe

· 2인분

· 30분 소요

재료 · 쌀 1컵 · 귀리 1컵 · 양배추 2컵 · 마 1컵

※ 양배추와 마의 수분 때문에 백미밥을 할 때보다 물을 적게 넣어야 합니다. 평소 배에 가스가 많이 차는 분은 양배추의 양을 반으로 줄여주세요. 마 대신 마 분말 ⅓컵을 사용해도 좋습니다. 단, 이 경우 밥이 너무 질지 않도록 백미 대신 현미 사용을 권합니다.

재료 도감

· **양배추** … 위벽을 보호하고 위궤양 예방에 도움이 되는 비타민 U가 풍부한 식품입니다.

· **마** … 표면의 끈적이는 성분 속 뮤신은 위벽을 보호하고 혈당을 천천히 높이며 장내 유산균의 좋은 먹이가 되어줍니다.

· **귀리** … 곡물 중에서 식이 섬유와 단백질이 풍부한 식품으로 장을 건강하게 하고 혈당 조절에 도움을 줍니다.

1 쌀과 귀리는 깨끗이 씻어 물에 불립니다.

2 양배추는 쌀과 잘 어울리도록 잘게 다지고, 마는 미끄러우니 조심하며 한입 크기로 썰어줍니다.

3 불린 쌀과 귀리, 양배추, 마를 한데 섞고 쌀 높이까지만(보통 밥물보다 적게) 밥물을 부어줍니다.

4 기본 설정으로 밥을 합니다.

김소형 원장의 면역 특강

변비가 있는 분은 다진 우엉을 ½컵 정도 넣어주세요. 완성된 밥을 먹기 전에 소화(제)식초(P.046)를 1티스푼 넣으면 소화가 더 잘됩니다. 마의 효능을 극대화하고 싶다면 밥이 완성된 후 뜸 들일 때 마를 넣어 섞으세요.

설사를 자주 한다면 밥물로 백출 2~3조각 우린 물을 쓰면 좋습니다.

원기회복밥

원기회복 　면역력강화

더운 여름, 땀을 많이 흘려 기력이 쇠한 분을 위한 밥입니다. 평소 체력이 약하고 무기력한 분께 권장합니다.

Recipe

· 3인분
· 30분 소요

재료 ·쌀 2컵 ·보리 1컵 ·차조 ½컵 ·인삼 1뿌리 ·황기 3조각

※ 인삼은 잘게 다져 넣어 밥과 함께 섭취해도 좋습니다.

재료 도감

· **보리** … 실록에 의하면 여름에 영조가 자주 찾았다고 합니다. 《본초강목》에는 '음의 성질로 열을 없애고 기를 도우며 소갈(消渴, 목이 말라 물을 자주 마시는 증상)을 없앤다'고 쓰여 있습니다.

· **차조** … 성질이 찬 곡물로 땀과 소변으로 손실된 수용성비타민, 무기질을 보충해줍니다.

· **인삼** … 몸이 냉하고 허약하며 식은땀이 나는 사람에게 사용하는 본초로, 피로 해소 및 면역력 강화에 도움을 줍니다.

· **황기** … 몸의 기력을 끌어올리고 면역력을 증가시킵니다. 인삼과 함께 섭취하면 시너지 효과가 나고 궁합이 잘 맞습니다.

1 쌀, 보리, 차조는 깨끗이 씻어 준비합니다.

2 인삼, 황기를 포함한 모든 재료를 밥솥에 넣습니다.

3 쌀밥과 동일하게 물 양을 맞춰 밥을 합니다.

김소형 원장의 면역 특강

궁합

평소 열이 많은 분은 인삼과 황기의 양을 줄이는 것이 좋습니다. 반면 평소 몸이 냉한 분은 보리와 차조의 양을 줄이는 것이 좋습니다.

약념 본초

땀이 많이 나며 식욕이 없다면 백출 2~3조각을 넣으면 좋습니다.

귀리마된장죽

속편한음식 위장보호 해장

흰 죽보다 맛있고 영양가 있는 데다 된장으로 끓여 구수하고 든든해서 아침 식사로도 좋습니다. 속을 편하게 해주는 음식을 찾는 분에게 권장하는 죽입니다.

Recipe

· 2인분
· 30분 소요

재료 · 귀리 2컵 · 마 200g · 된장 2스푼 · 다진 마늘 2스푼 · 건표고버섯 슬라이스 1/2컵 · 들기름 약간

※ 귀리 불리는 시간을 단축하고 싶다면 전기밥솥으로 미리 귀리밥을 해두면 좋습니다. 귀리의 쫄깃쫄깃한 식감을 좋아한다면 믹서에 갈지 않고 끓여도 좋습니다. 단, 30분 이상 충분히 끓여주세요.

재료 도감

· **귀리** … 단백질과 식이 섬유 함량이 높아 혈당 지수가 낮은 곡물에 속하며, 대장암을 예방하는 효과도 있습니다.
· **마** … 예민해진 위벽과 장벽을 보호해 속이 자주 쓰리는 분이 먹기에 좋은 식품입니다.

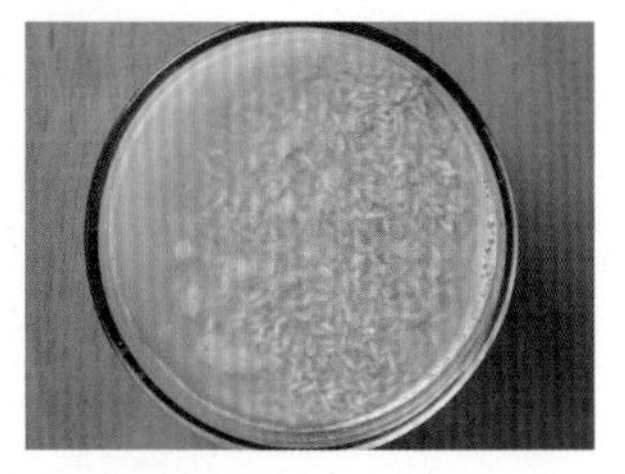

1 귀리는 깨끗이 씻어 물에 1시간 이상 불려둡니다.

2 ①에 물 2~3컵을 넣고 믹서에 갈아줍니다.

3 마는 강판에 갈아줍니다.

4 냄비에 물 500ml, 1시간 이상 불린 건표고버섯, 다진 마늘, 된장을 넣고 잘 풀어준 뒤 ②의 귀리를 넣습니다.

5 불에 올리고 강한 불에서 5분간 저어주며 끓이다가, 부르르 끓어오르면 약한 불로 줄여 10분 이상 끓입니다.

6 마를 넣고 섞은 뒤 불을 끕니다. 먹기 직전 들기름을 살짝 둘러주세요.

김소형 원장의 면역 특강

궁합 단백질 함량을 늘리기 위해 두부를 1/3모 으깨 넣어도 좋습니다.

약념 본초 설사를 하거나 소화가 잘 안 된다면 백출 2~3조각을 넣어 우린 물을 사용하는 것이 좋습니다.

능이버섯소갈비탕

기력회복 고단백 단백질소화

소화를 돕는다고 알려진 능이버섯을 넣어 편하게 먹을 수 있는 소갈비탕입니다. 능이버섯과 함께 깊이 우러난 소고기 육향을 즐겨보세요. 기력이 불끈 솟아납니다.

Recipe

· 3인분
· 1시간 소요

재료 ·소갈비 1kg ·능이버섯 3컵 ·소주 1컵 ·국간장 4스푼 ·소금 ½스푼

국물 ·무 1컵 ·마늘 10톨 ·통후추 1스푼 ·대파 1대 ·다진 생강 2티스푼(10g)

※ 국물 재료의 마늘과 통후추는 칼의 넓은 면으로 살짝 으깨서 넣으면 더 좋습니다. 또 소갈비의 지방을 제거해야 담백한 국물을 낼 수 있습니다.

재료 도감

· **능이버섯** … 예로부터 천연 소화제로 사용하던 버섯입니다. 특히 단백질 소화를 도와 육류를 먹은 뒤 더부룩한 느낌을 해소하는 데 좋습니다. 또 특유의 향은 음식의 풍미를 깊게 해줍니다.

1 소갈비는 전날 또는 3시간 전에 미리 찬물에 담가 핏물을 제거해 줍니다.

2 냄비에 물 3L를 붓고 소갈비를 넣은 뒤 소금, 소주를 넣어 20분간 끓입니다.

3 소갈비를 건져내고 나머지 물은 버린 뒤 새로운 물 3L와 소갈비를 냄비에 다시 넣습니다.

4 다시 백에 국물 재료를 넣어 ③에 넣고 갈비와 함께 30분 이상 푹 끓입니다.

5 고기가 부드럽게 익었을 때 능이버섯을 넣고 국간장으로 간한 다음 5분 정도 더 끓이고 불을 끕니다.

김소형 원장의 면역 특강

능이버섯 외에 팽이버섯, 느타리버섯, 송이버섯 등 다양한 버섯을 추가하면 더욱 좋습니다. 완성된 갈비탕에 부추나 쪽파를 송송 썰어 넣으면 보기에도 좋고 맛도 좋습니다.

황기, 인삼, 대추 등을 추가하면 원기 회복을 돕는 한방 갈비탕으로 먹을 수 있습니다.

문어우엉솥밥

자양강장 변비 해소 콜레스테롤 배출

보익강장(補益强壯)에 좋은 문어, 식이 섬유가 풍부한 우엉과 미역을 넣은 바다 내음 물씬 나는 솥밥입니다. 더위에 지친 분, 산후조리하는 분께 좋습니다.

Recipe

· 2인분
· 30분 소요

재료 ·쌀 1컵 ·현미 1컵 ·자숙 문어 1컵(150g) ·우엉 1컵 ·마른 미역 1/3컵 ·참기름 약간 ·간장 약간

국물 ·다시마 2~3조각 ·멸치 1/2컵 ·대파 1대

※ 준비한 솥이나 가스레인지 화력에 따라 조금씩 차이는 있지만 강한 불에서 시작해 끓기 시작하면 약한 불에서 7~8분 정도 조리하고 불을 끈 뒤 5분 이상 뜸을 들여주세요. 문어 대신 여름이 제철인 소라를 넣어도 좋습니다.

재료 도감

· **문어** … 한의학에서는 달고 짠맛이 나며 독이 없고 보혈과 원기 회복을 도와주는 보익강장에 좋은 식품으로 봅니다.
· **우엉** … 불용성 식이 섬유가 풍부해 변의 양을 늘려 변비를 해소하는 데 도움을 줍니다.
· **미역** … 수용성 식이 섬유가 콜레스테롤을 흡착해 체외로 배출하며, 칼슘, 철분 등 무기질이 풍부합니다.

1 쌀과 현미는 물에 불려 준비합니다.

2 문어와 우엉은 먹기 좋게 썰고 미역은 물에 불린 뒤 적당히 잘라 줍니다.

3 물 1L를 냄비에 넣고 국물 재료를 넣어 10분간 끓이고, 한 김 식힌 뒤 재료를 걸러냅니다.

4 ③의 국물을 솥밥용 냄비에 부은 뒤 불린 쌀과 현미, 문어, 우엉, 미역을 넣어 밥을 합니다.

5 완성된 밥을 그릇에 옮겨 담고 먹기 전에 참기름과 간장으로 간을 살짝 합니다.

김소형 원장의 면역 특강

약념간장(P.042)을 1~2스푼 넣고 밥을 하면 좀 더 구수한 솔밥이 완성됩니다.

더위를 많이 타는 분 혹은 산후조리 중인 분은 익모초 1/3컵을 국물 재료에 추가해도 좋습니다.

매실장어솥밥

자양강장 면역력강화 기력보강

바다에서 나는 산삼이라 불리는 장어는 무기력해지기 쉬운 여름에 보양식으로 매우 좋은 식품입니다. 새콤달콤한 매실과 함께 요리해 소화도 잘되니 부담 없이 드세요.

Recipe
· 3인분
· 50분 소요

재료 · 쌀 1컵 · 현미 1컵 · 보리 1컵 · 장어 300g · 통마늘 10개 · 다시마 2~3조각 · 쪽파 약간
양념 · 매실청 ¼컵 · 간장 4스푼 · 후춧가루 약간 · 다진 생강 1티스푼 · 맛술 또는 소주 ¼컵
※ 평소 열이 많은 분은 마늘과 생강 양을 줄여도 좋습니다. 또 장어에 지방이 많으므로 장어를 구울 땐 기름을 생략해도 좋습니다.

재료 도감
· **장어** … 《동의보감》에 자양강장 식품으로 오장육부 기능을 활성화하고 결핵 같은 소모성 질환을 치료하는 효과가 있다고 기록되어 있습니다.
· **매실청** … 매실의 신맛이 소화액 분비를 도와 고단백, 고지방인 장어를 쉽게 소화할 수 있게 해줍니다.
· **생강·마늘** … 비린내를 잡고 장어와 보리의 서늘한 기운을 중화해줍니다. 평소 장어를 먹으면 설사하는 분께 좋습니다.

1 달군 팬에 장어를 굽습니다.

2 장어 표면이 갈색으로 변하면 분량의 재료로 만든 양념을 넣어 조리듯 마저 익힙니다.

3 양념이 끈적끈적해지면 불을 끕니다.

4 솥밥용 냄비에 물 1.5L와 다시마를 넣어 우린 뒤 쌀과 잡곡, 통마늘을 넣어 밥을 짓습니다.

5 밥이 거의 다 되었을 때 먹기 좋게 썬 장어와 ③의 프라이팬에 남은 소스를 부은 뒤 5분간 뜸 들입니다.

6 다 된 밥을 그릇에 옮겨 담고 쪽파를 송송 썰어서 고명으로 올립니다.

김소형 원장의 면역 특강

궁합 매실장아찌가 있다면 밥을 지을 때 4~5조각 다져 넣어도 좋습니다.

약념 본초 양념 재료에 산사가루 1티스푼을 넣으면 소화에 도움이 됩니다.

참치무조림덮밥

고단백 오메가3 비타민D

더운 여름에 입맛 없을 때 쉽고 빠르게 요리해서 먹기 좋은 덮밥입니다.

Recipe

· 2인분
· 30분 소요

재료 · 참치 캔 1개(150g) · 무 1/3개 · 양파 1/2개 · 대파 1/2대 · 참기름 약간

양념장 · 멸치가루 1/2스푼(또는 멸치 국물 1컵) · 진간장 3스푼 · 고춧가루 1스푼 · 맛술 2스푼 · 올리고당 1스푼 · 굴소스 1/2스푼 · 다진 마늘 1스푼 · 물 1/2컵

※ 멸치가루가 없는 경우 멸치 국물을 1컵 정도 준비하면 됩니다. 굴소스는 없는 경우 생략해도 됩니다.

재료 도감

· **참치** … 주 2~3회 정도는 생선을 식탁에 올리는 것이 건강에 이롭습니다. 여름철 생선 섭취가 걱정이라면 참치 캔을 활용하면 좋은데, 150g짜리 1캔에 단백질 30g 정도가 들어 있어 단백질을 손쉽게 섭취할 수 있습니다.

· **무** … 칼로리가 낮아 부담이 없고 익혔을 때 부드럽게 소화되며, 가열 중 나오는 채수가 깊은 맛을 냅니다.

1 참치는 체에 걸러 기름을 빼둡니다.

2 무는 3cm 정도 두께로 썰고 양파, 대파는 채 썰어둡니다.

3 분량의 재료로 양념장을 만듭니다.

4 양념장에 양파와 무를 차곡차곡 쌓아서 넣고, 사이에 참치를 채웁니다.

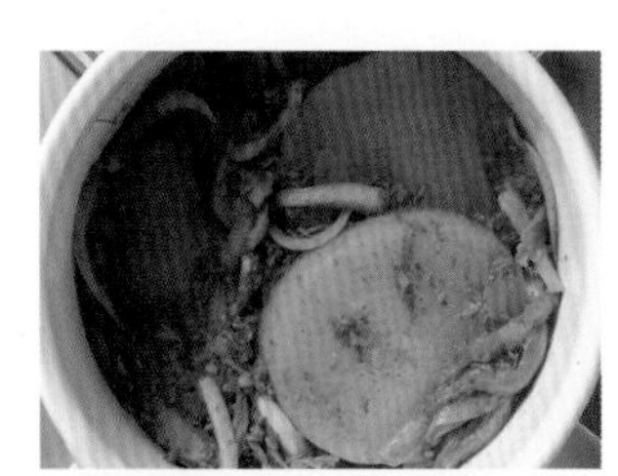

5 ④를 불에 올려 끓으면 중약불로 줄이고 뚜껑을 닫아 10분간 조립니다.

6 완성되면 밥 위에 ⑤를 한 국자 얹은 뒤 참기름과 대파를 얹어주세요.

김소형 원장의 면역 특강

위장튼튼밥(P.108)과 함께 먹으면 위장을 보하고 식이 섬유 섭취량을 늘릴 수 있습니다. 올리고당 대신 위장튼튼조청(P.056)을 넣으면 더 좋습니다. 매운맛을 좋아한다면 청양고추를 1개 정도 추가해도 좋습니다.

감초 2~3조각을 넣고 함께 끓이면 은은한 단맛과 함께 해독 효과를 볼 수 있습니다.

청국장제육볶음

고단백 뼈건강

더운 여름 떠나간 입맛을 돌아오게 하는 특별한 제육볶음 레시피입니다. 청국장을 넣어 구수한 데다 맵지 않게 만들어 남녀노소 즐길 수 있습니다.

Recipe

· 2인분
· 20분 소요

재료 · 돼지고기 앞다리 살 300g · 양배추 1컵 · 팽이버섯 1팩(100g) · 식용유 약간

양념 · 청국장가루 3스푼 · 된장 3스푼 · 다진 마늘 1스푼 · 멸치가루 2티스푼 · 간장 2스푼 · 올리고당 3스푼 · 맛술 또는 소주 1/3컵 · 후춧가루 약간

※ 된장과 청국장가루 대신 청국장 2/3컵을 넣어도 됩니다.

재료 도감

· **돼지고기** … 성질이 찬 돼지고기는 더운 여름에 먹기 좋습니다.

· **청국장** … 뼈에 칼슘이 달라붙게 하는 비타민 K_2와 메나퀴논이 풍부합니다. 그뿐 아니라 식물성 단백질이 풍부해 육류와 함께 섭취하면 좋습니다.

1 양배추와 팽이버섯은 먹기 좋은 크기로 잘라둡니다.

2 분량의 재료로 만든 양념에 돼지고기를 버무려줍니다.

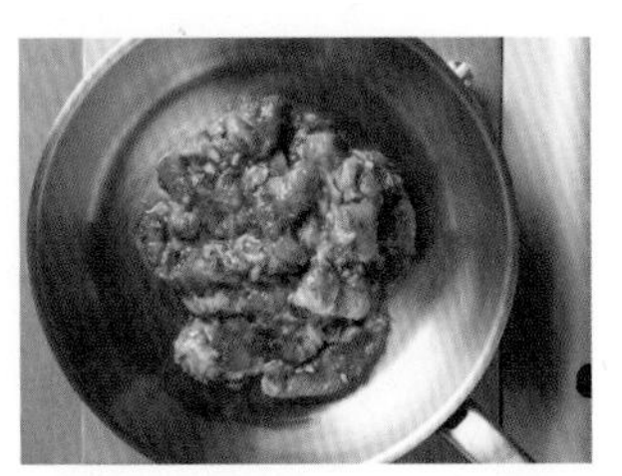

3 달군 팬에 식용유를 살짝 두르고 양념한 돼지고기를 익힙니다.

4 거의 다 익어갈 때쯤 양배추와 팽이버섯을 넣고 1~2분 정도 더 볶은 뒤 불을 끕니다.

김소형 원장의 면역 특강

멸치가루는 뼈를 튼튼하게 한다는 점에서 청국장과 궁합이 좋습니다. 준비하지 못했다면 일반 멸치를 물에 불린 뒤 다져 넣어도 됩니다. 매콤하게 먹고 싶다면 고춧가루 1스푼 또는 청양고추 1개를 넣으면 됩니다.

양념 재료에 오미자 분말 ½스푼을 넣으면 식은땀을 멎게 하고 진액(津液)을 보충하는 데 도움을 받을 수 있습니다.

애호박녹두전과 참나물무침

해열 단·탄·지균형 소화원활

부드러워 소화하기 좋은 애호박과 열을 식혀주는 효과가 있는 녹두가 만난 전입니다. 탄수화물, 단백질, 지방의 균형도 좋아 한 끼 식사로 안성맞춤입니다.

Recipe

· 3인분
· 20분 소요

재료 · 애호박 1개 · 불린 녹두 1컵 · 부침가루 1컵 · 참나물 2줌(잘라서 담았을 때 4컵) · 소금 약간 · 식용유 적당량

양념 · 간장 3스푼 · 올리고당 1스푼 · 식초 ½스푼 · 참기름 1스푼 · 참깨 1스푼

※ 애호박에서 물이 나오기 때문에 부침가루와 녹두를 섞었을 때 약간 뻑뻑한 것이 좋습니다. 참나물이 없다면 깻잎을 사용해도 됩니다.

재료 도감

· **애호박** … 《본초강목》에 '보중익기(補中益氣)'라 해서 소화기를 보하고 기운을 북돋는 식품이라고 했습니다. 또 각종 비타민, 무기질이 풍부해 땀으로 손실된 영양소를 보충하기에도 좋습니다.

· **녹두** … 몸에 쌓인 열을 다스리고 원기를 돋우며 오장을 조화롭게 합니다.

· **참나물** … 여름 제철 나물로 특유의 향이 있어 입맛을 돋워줍니다. 해열 효능이 있으며 칼륨, 철분, 비타민 A가 풍부합니다.

1 녹두는 20분 이상 푹 삶은 뒤 물 1컵과 함께 믹서에 갈아줍니다.

2 애호박은 얇게 채 썰어 소금으로 간한 뒤 물기를 살짝 빼줍니다.

3 부침가루와 ①의 녹두를 섞어 줍니다.

4 ③의 반죽에 애호박을 넣은 뒤 달군 팬에 식용유를 두르고 반죽을 올려 부칩니다.

5 참나물은 깨끗이 씻어 물기를 빼두고 분량의 재료로 양념을 만듭니다.

6 먹기 좋게 썬 참나물에 양념을 부어 버무립니다.

김소형 원장의 면역 특강

밀가루를 먹으면 소화가 잘 안 되는 분은 멥쌀가루로 대체해도 됩니다. 소금 대신 새우젓을 다져 간하면 감칠맛이 배가됩니다. 간장 대신 약념간장(P.042) 4스푼으로 바꾸면 더 좋습니다.

기력이 약한 분이 더위로 지쳤다면 인삼 ½뿌리를 다져 넣어도 좋습니다.

한방삼계탕

원기회복 몸보신 기력보강

더운 여름 몸을 보양하는 복날을 위한 메뉴입니다. 몸을 보신하는 데 좋은 각종 본초와 귀리를 넣어 더욱 건강한 삼계탕입니다.

Recipe

· 2인분
· 30분 소요

재료 ·닭 1마리(55호 또는 65호) ·귀리 ⅔컵 ·통마늘 5개 ·감초 3조각 ·인삼 1뿌리 ·황기 1뿌리 ·말린 대추 3알 ·대파 1뿌리 ·소금 약간 ·후춧가루 약간

※ 전기밥솥을 이용해 찜 요리 기능으로 40분 정도 익혀도 좋습니다. 오래 끓일수록 육질이 연해지고 국물에서 깊은 맛이 납니다.

재료 도감

· **닭고기** … 옛 의서에 따르면 닭은 오래전부터 기력과 에너지를 보강하는 식재료로 자주 사용되었습니다.

· **귀리** … 혈당 지수가 낮은 곡물로 당뇨 등 대사증후군이 있는 분이 쌀 대신 섭취하기에 아주 좋은 식품입니다.

1 닭은 안쪽까지 깨끗이 씻고 귀리는 뜨거운 물에 30분 이상 불려 둡니다.

2 귀리와 통마늘을 닭 안쪽에 채워 넣은 후 이쑤시개로 구멍을 막아줍니다.

3 냄비에 물 1~1.2L를 넣고 감초, 인삼, 황기, 대추, 대파, 닭을 넣은 뒤 중간 불에서 30분 이상 푹 끓여 속까지 완전히 익힙니다.

4 소금과 후춧가루로 간해 마무리합니다.

김소형 원장의 면역 특강

궁합

월계수 잎 2~3장을 넣어 끓이면 비린내를 잡는 데 좋습니다. 씹고 삼키는 것이 어려운 노인분들은 귀리 대신 찹쌀을 사용하는 것이 좋습니다. 낙지와 전복을 추가하면 해신탕으로 드실 수도 있습니다.

약념본초

평소 손발이 찬 분은 당귀 2~3조각을 추가해도 좋습니다. 국물까지 보약처럼 먹고 싶다면 상황버섯가루 1+½스푼을 넣으면 좋습니다.

소고기수육월남쌈

고식이섬유 항산화영양소 소화원활

뜨거운 밥이 끌리지 않을 때 시원하게 먹을 수 있는 여름 건강식입니다. 증기로 쪄낸 소고기 수육은 담백하고 부드럽습니다. 갖가지 채소를 곁들일 수 있어 몸에도 이롭습니다.

Recipe

· 2~3인분

· 30분 소요

재료 ·샤부샤부용 소고기 300g ·양파 1개 ·알배추 4~5장 ·팽이버섯 1봉지(100g) ·표고버섯 4개 ·참나물 1줌 ·오이 1/2개 ·적양배추 1컵 ·라이스페이퍼 적당량

소스 ·간장 1/2컵 ·맛술 1/4컵 ·올리고당 2스푼 ·다진 마늘 1스푼 ·다진 청양고추 1/2스푼

※ 편백찜기에 조리하면 편백나무 특유의 향이 배어 담백하고 풍미가 좋습니다. 소스에 청양고추 대신 겨자나 고추냉이 1티스푼을 넣어도 좋습니다.

재료 도감

· **참나물·오이** … 몸에 쌓인 열을 내려주므로 땀을 많이 흘리고 열이 많은 분은 특히 신경 써 섭취하면 좋습니다.

· **적양배추** … 일반 양배추의 위장을 편하게 하는 기능과 더불어 보라색을 내는 항산화 물질인 안토시아닌이 풍부합니다.

1 참나물, 표고버섯, 팽이버섯, 알배추는 먹기 좋은 크기로 썰고, 오이와 적양배추는 채 썰어 준비합니다.

2 찜기에 면보를 올리고 그 위에 채 썬 양파를 넓게 펴 올립니다.

3 소고기와 버섯, 알배추도 올려 뚜껑을 닫아 익힙니다.

4 라이스페이퍼를 불릴 따뜻한 물을 넓은 그릇에 담아서 준비합니다.

5 모든 채소와 고기를 섞어 라이스페이퍼에 싼 뒤 분량의 재료로 만든 소스에 찍어 먹습니다.

김소형 원장의 면역 특강

궁합

미나리, 청경채 등 취향에 맞는 다양한 채소를 추가해도 좋습니다. 찜솥의 물이 팔팔 끓은 지 3~4분 뒤에 먹는 것이 좋습니다. 너무 익히면 채소가 무르고 영양소 손실도 커집니다.

약념본초

소스에 산사가루 1/2스푼을 넣으면 소고기 소화를 도와줍니다.

오리고기가지말이

보양 식재료로 자주 언급되는 오리와 열을 떨어뜨리는 차가운 성질의 가지가 만난 요리입니다. 가지가 오리의 풍부한 육즙을 품어 풍미를 더해주며 손님 대접용으로도 좋습니다.

Recipe

· 2~3인분
· 30분 소요

재료 ·생오리고기 300g ·가지 2개 ·양파 1/3개 ·표고버섯 2개 ·감자 전분 2스푼

양념 ·간장 2스푼 ·올리고당 1스푼 ·다진 마늘 1스푼 ·후춧가루 약간

※ 가지가 잘 마르지 않은 경우 소금 간을 살짝 해서 5분간 두면 부드러워집니다. 이쑤시개로 중간을 관통해 꽂아주면 가지말이가 풀리는 걸 막을 수 있습니다. 가지를 마는 과정이 번거롭게 느껴진다면 모든 재료를 프라이팬에 구워 볶음으로 먹어도 됩니다.

재료 도감

· **오리** … 육류 중 불포화지방산이 풍부한 알칼리성 식품으로 평소 포화지방을 많이 섭취한다면 소고기나 돼지고기 대신 드세요.

· **가지** … 100g당 17kcal로 부담이 없고 항산화 물질인 안토시아닌이 풍부하며, 성질이 차가워 여름에 먹기 좋습니다.

1 오리고기, 양파, 표고버섯은 잘게 다집니다.

2 ①을 한데 섞고 분량의 양념 재료와 감자 전분을 넣어 잘 버무린 뒤 재워둡니다.

3 가지는 채칼로 길게 포를 떠놓습니다.

4 재워둔 ②를 1스푼 떠서 가지 위에 올린 뒤 돌돌 말아줍니다.

5 에어 프라이어에 160℃로 15분간 가열한 뒤 흘러나온 기름을 제거하고 뒤집어서 5분간 마저 익힙니다.

김소형 원장의 면역 특강

궁합 기름기 없이 담백하게 먹고 싶은 분은 오리 껍질을 모두 제거하면 좋습니다. 평소 냉증이 있는 분은 부추 또는 청양고추를 다져 넣어도 좋습니다.

약념 본초 양념 재료에 보이차가루 1티스푼을 넣으면 지방 소화를 돕고 자칫 느끼할 수 있는 오리의 맛과 향을 잡아줍니다. 단, 카페인에 민감한 분들은 피해주세요.

멸치고추장물국수

저탄수화물 칼슘풍부 식욕회복

떠나간 입맛도 돌아오게 하는 멸치고추장물에 면을 시원하게 말아 먹을 수 있는 비빔국수입니다. 멸치고추장물은 한번 만들어놓으면 여러 번 활용할 수 있어 간편합니다.

Recipe

· 4인분
· 30분 소요

재료 · 소면 200g · 팽이버섯 4봉지 · 들기름 4스푼

멸치고추장물 · 청양고추 4개 · 양파 1/4개 · 잔멸치 1/3컵 · 다진 마늘 1스푼 · 통깨 1스푼 · 식용유 약간 · 국간장 2스푼 · 된장 1스푼 · 매실액 2스푼 · 멸치가루 1스푼

※ 매실액이 없는 경우 조청이나 올리고당을 사용해도 됩니다. 국간장 대신 약념간장(P.042) 4스푼을 사용해도 좋습니다.

재료 도감

· **청양고추** … 선조들이 초복엔 1개, 중복엔 2개, 말복엔 3개를 먹었다고 할 정도로 기력을 보하는 여름 보양 식품입니다.

· **멸치** … 혈액 속 나쁜 콜레스테롤을 줄여주는 오메가 3가 풍부한 식품입니다. 또 칼슘이 풍부해 골다공증이 염려되는 분에게도 좋습니다.

· **팽이버섯** … 당뇨가 있는 분이 면 대신 활용하면 좋은 식품으로, 함유된 식이 섬유가 장 내 환경을 개선해줍니다.

1 청양고추와 양파는 잘게 다져둡니다.

2 멸치는 마른 팬에 볶아 수분을 날립니다.

3 팬에 식용유를 두르고 고추와 양파, 마늘을 넣어 양파가 약간 투명해질 때까지 볶다가 국간장, 된장, 매실액, 멸치가루를 분량대로 넣습니다.

4 잔멸치를 넣고 자박자박해질 때까지 2~3분간 더 끓인 뒤 통깨를 넣어 마무리합니다.

5 소면과 팽이버섯을 삶은 뒤 찬물에 헹구고 체에 밭쳐 물기를 제거한 다음 들기름에 버무립니다.

6 ④의 멸치고추장물 2스푼을 소면과 버섯 위에 얹어 먹습니다.

김소형 원장의 면역 특강

열이 많다면 오이를 채 썰어 올려 함께 먹어도 좋습니다. 밀가루를 먹으면 소화가 잘 안 되는 분은 쌀국수나 옥수수 면을 사용하고, 단백질 섭취를 위해 삶은 달걀 1~2개와 함께 드세요.

감초가루 1티스푼을 양념에 넣으면 은은한 단맛을 추가하고 자극적인 매운맛을 완화할 수 있습니다. 청양고추 양은 절반으로 하고 맵지 않은 고추로 절반을 채우는 것도 좋습니다.

마크림콩국수

저탄수화물 위장보호 고단백

위를 보호하는 마와 쫄깃한 옥수수 면으로 만든 속 편한 콩국수입니다. 면의 양을 줄인 대신 죽순을 넣어 혈당 관리가 필요한 분도 부담 없이 먹을 수 있습니다.

Recipe

· 1인분
· 30분 소요

재료 ·옥수수 면 50g ·죽순 1컵(100g) ·마 ½컵 ·백태 1컵 ·오이 ⅓개 ·소금 약간

※ 죽순은 내부의 석회질을 제거한 후 쌀뜨물에 담가놨다 삶으면 아린 맛이 줄어듭니다.

재료 도감

· **죽순** … 다양한 수용성비타민을 함유해 땀으로 손실된 비타민을 보충하기 좋습니다. 《동의보감》에는 열과 갈증을 해소해주고 원기를 보한다고 기록되어 있습니다.

· **마** … 함유된 뮤신이 위를 보호하고 음식물을 코팅해 천천히 소화되게 해 혈당이 급격히 치솟지 않도록 합니다.

· **백태** … 단백질이 약 40%로 우수한 식물성 단백질 공급원입니다. 또 식이 섬유도 풍부해 장내 환경을 개선하고 식물성 에스트로겐이 풍부해 갱년기 여성에게도 좋습니다.

1 백태는 잘 씻은 뒤 6시간 이상 불리거나 전기밥솥에서 물을 충분히 넣고 30분간 익혀주세요.

2 백태를 냄비로 옮긴 뒤 물을 넉넉히 넣고 7분간 끓입니다. 전기밥솥 사용 시 이 과정은 생략해도 됩니다.

3 죽순은 면처럼 얇고 길게 채 썰어주세요.

4 믹서에 마와 백태, 소금을 넣고 갈아줍니다. 백태 삶은 물을 넣어가며 농도를 맞춰주세요.

5 옥수수 면과 죽순은 함께 삶은 뒤 찬물에 헹구고 체에 밭쳐 물기를 제거합니다.

6 면과 죽순 위에 ④를 부은 뒤 채 썬 오이를 얹어 마무리합니다.

김소형 원장의 면역 특강

오이와 함께 토마토를 올리면 보기에도 좋고 토마토의 항산화 성분을 섭취할 수도 있습니다. 콩만으로도 단백질이 충분하지만 기호에 따라 삶은 달걀 ½개를 추가해도 좋습니다.

콩을 삶을 때 백출 3~4조각을 함께 넣어 우리면 식은땀을 멎게 하고 장을 보하는 데 도움을 줄 수 있습니다. 우린 백출은 건져내주세요.

여름 보양식은

뜨거운 태양 아래 거칠 것 없이

파도를 타는 서퍼를 떠올리게 한다.

오랫동안 동경해온 강건함과

쉽게 떨어지지 않는 체력의 비밀을 담고 있다.

Part. 03

秋

가을 면역 보양식

높은 하늘과 선선한 바람이 가져다준 결실의 계절, 가을.

항산화 영양소를 가득 담은 식재료로 구성한

가을 보양식으로 몸을 가볍게 해보세요.

가을 秋 비만 관리 / 체내 염증 완화

선선해진 기온과 누그러진 햇살로 웃음 짓게 하는 우리나라의 가을은 울창한 녹음으로 시작해 이내 단풍의 정취를 드러내는 멋진 계절입니다. 각종 농사가 한 해의 결실을 맺는 시기라 제철 먹거리가 풍부하죠. 그래서인지 더위가 가신 이 천고마비의 계절에는 식욕이 자연스럽게 회복되고 맛있는 제철 먹거리가 우리를 유혹합니다.

너무나 반갑고 감사한 계절이지만 그래서 주의가 필요하기도 합니다. 건강상의 이유로 체중 관리가 필요한 분은 평소보다 식단 관리에 더 신경 써야 하기 때문이죠. 국민건강영양조사(2021) 자료에 의하면, 성인 남성은 약 46%, 성인 여성은 약 27%가 비만입니다. 남성은 2명 중 1명이, 여성은 4명 중 1명이 비만이라는 것이죠. 비만은 고혈압, 당뇨, 이상지질혈증 등 대사증후군 및 암을 포함한 여러 질병에 큰 영향을 미치는 위험 요소입니다. 또 체중이 많이 나가는 사람일수록 몸에 좋지 않은 식품을 섭취할 가능성이 높으며, 이에 따라 체내 염증 반응도 높아집니다.

그래서 가을 보양식에는 든든하고 맛있게 식사하면서 열량 섭취를 줄이는 동시에, 염증 반응을 낮추는 항산화 영양소가 풍부한 식품을 담아보았습니다. 반드시 가을이 아니더라도 평소 체중 조절이 필요한 분, 염증 반응을 줄이고 싶은 분, 노화를 지연시키고 싶은 분에게 좋은 보양식입니다.

· 저칼로리밥 **저탄수 | 고식이섬유 | 혈당 조절 | 저칼로리**

· 항노화밥 **항산화 | 피부 보호**

· 순두부타락죽 **고단백 | 소화 원활**

· 새송이전복솥밥 **고단백 | 고식이 섬유 | 포만감**

· 연어부추솥밥 **항산화 | 혈액순환**

· 오색채소비빔밥 **항산화 | 항노화 | 눈 건강 | 피부 건강**

· 아로니아고추찜닭 **항산화 | 고단백 | 저탄수화물**

· 새우항감자배추전 **식이 섬유 | 균형 잡힌 식사**

· 닭가슴살부추만두 **고단백 | 저칼로리**

· 한방두부전골 **수족 냉증 완화 | 여성 질환 완화 | 소화 원활**

· 차돌박이채소말이 **고식이 섬유 | 소화 원활 | 항염**

· 토마토고추장대하찜 **저염분 | 고단백 | 항산화**

· 양배추닭칼국수 **저탄수화물 | 고단백 | 위장 보호**

· 트리플버섯잡채 **고식이 섬유 | 항암 | 저칼로리**

저칼로리밥

저탄수 고식이섬유 혈당조절 저칼로리

탄수화물 함량은 낮고 식이 섬유 함량은 높은 흰색 채소로 만든 밥입니다. 혈당을 조절하거나 다이어트할 때 부담 없이 먹을 수 있습니다.

Recipe

· 3인분

· 30분 소요

재료 · 찹쌀 2컵 · 새송이버섯 2개 · 무 2컵 · 흰강낭콩 1컵

※ 채소에서 나오는 수분이 충분하기 때문에 밥물을 따로 넣을 필요가 없습니다.

재료 도감

· **찹쌀** … 찰기가 없는 채소가 밥처럼 뭉칠 수 있도록 도와줍니다.

· **무** … 푹 익힌 무는 소화가 잘되고 은은한 감칠맛을 냅니다. 100g당 13kcal로 열량이 쌀밥의 9% 정도입니다.

· **흰강낭콩** … 탄수화물이 체내로 흡수되는 것을 억제하는 파세올라민을 함유해 혈당 관리가 필요한 분에게 좋습니다.

· **새송이버섯** … 식이 섬유가 풍부해 포만감이 오래가도록 도우며 장내 환경을 개선합니다. 100g당 24kcal로 열량이 쌀밥의 16% 정도입니다.

1 흰강낭콩은 전날 미리 물에 불려둡니다.

2 새송이버섯과 무는 밥알의 2~3배 정도 되는 크기로 잘게 다져둡니다.

3 찹쌀을 잘 씻은 뒤 체에 밭쳐 물기를 충분히 빼둡니다.

4 찹쌀과 다진 채소, 흰강낭콩을 밥솥에 넣고 백미쾌속으로 밥을 짓습니다. 이때 물은 별도로 넣지 않습니다.

김소형 원장의 면역 특강

표고버섯, 양파 등 다양한 채소를 조금씩 섞어 넣으면 더욱 다양한 영양소를 섭취할 수 있습니다.

여주 3~4조각을 넣으면 혈당 조절 효과를 얻을 수 있습니다.

항노화밥

항산화 피부보호

항산화 물질이 풍부한 재료만 쏙쏙 담아 만든 밥입니다. 흑미, 귀리 특유의 구수한 맛과 당근의 은은한 단맛, 그리고 해바라기 씨의 고소함이 잘 어우러집니다.

Recipe

· 3인분
· 30분 소요

재료 ·흑미 2컵 ·귀리 1컵 ·당근 1컵 ·해바라기 씨 ½컵

※ 거친 귀리의 식감도 괜찮다면 귀리를 불리지 않고 바로 사용해도 괜찮습니다. 단, 밥물을 ½컵만 더 넣어주세요.

재료 도감

· **흑미** … 농촌진흥청의 연구 자료에 따르면 백미, 흑미, 적미 중 흑미에 트리신, 퀘르세틴 같은 항산화 물질이 가장 많이 함유되어 있다고 합니다. 한의학에서는 간과 신장 건강에 좋은 식품으로 알려져 있습니다.

· **당근** … 피부를 포함한 상피세포를 보호하는 항산화 영양소 비타민 A가 풍부합니다. 비타민 A는 지용성 물질로 해바라기 씨 같은 지방이 있는 식품과 함께 먹으면 좋습니다.

· **해바라기 씨** … 해바라기 씨에 풍부한 비타민 E는 피부 세포를 보호하고 면역 반응에 관여합니다.

1 귀리는 1시간 이상 뜨거운 물에 불립니다.

2 당근은 밥알의 2~3배 크기로 다져서 준비합니다.

3 씻은 흑미와 귀리, 당근, 해바라기 씨를 밥솥에 넣습니다.

4 밥물은 쌀 높이까지만 붓습니다.

5 백미쾌속으로 조리합니다. 귀리의 거친 식감이 거슬린다면 잡곡밥 설정으로 조리해주세요.

김소형 원장의 면역 특강

백미쾌속으로 조리하면 당근에 함유된 영양소 손실을 최소화할 수 있습니다. 비타민 A 섭취량을 늘리고 싶다면 깻잎과 함께 드세요.

상황버섯가루 ½스푼을 넣으면 상황버섯 속 폴리페놀의 항산화 효과를 기대할 수 있습니다.

순두부타락죽

고단백 소화원활

순두부, 달걀, 우유, 이 세 가지 단백질 식품을 넣어 더 건강해진 고단백 죽입니다. 다이어트로 근 손실이 걱정되는 분 혹은 운동 효과를 높이고 싶은 분의 아침 식사로 좋습니다.

Recipe

· 1인분
· 30분 소요

재료 · 쌀 ½컵 · 순두부 1컵 · 달걀 1개 · 우유 1컵 · 쑥가루 1스푼 · 소금 약간

※ 쌀을 미리 불릴 시간이 없다면 밥솥에 있는 밥을 이용해도 됩니다.

재료 도감

· **순두부** … 소화하기 쉬운 부드러운 식품으로 식물성 단백질을 섭취할 수 있습니다.

· **우유** … 우유를 잘 소화시키지 못하는 분도 타락죽으로 따뜻하게 조리해 먹으면 장 불편감을 최소화할 수 있습니다.

· **쑥가루** … 쑥은 피를 맑게 하고 어혈을 푸는 파혈(破血) 작용이 뛰어납니다. 혈액순환을 돕고 몸을 따뜻하게 하기 때문에 환절기 아침에 먹으면 좋습니다.

1 쌀은 미리 물에 2시간 동안 불린 뒤 물 5컵을 넣고 믹서로 곱게 갈아줍니다.

2 곱게 간 쌀을 냄비에 넣고 강한 불에 계속 저어가며 끓입니다.

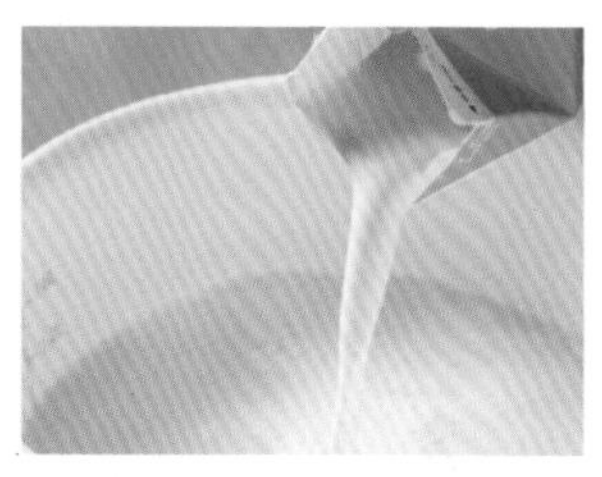

3 죽이 끓으면 우유를 붓고 바닥에 눌어붙지 않도록 20분간 저어가며 끓입니다.

4 죽처럼 되직해지면 순두부를 잘라 넣습니다.

5 순두부가 잘 풀어지면 달걀물을 부어 젓습니다.

6 쑥가루를 넣은 후 1~2분 더 끓여서 걸쭉해지면 불을 끄고 소금으로 간합니다.

김소형 원장의 면역 특강

궁합

당뇨가 없는 분은 설탕 ½스푼을 넣으세요. 맛도 좋고 근육 보호 효과가 더 커집니다.

약념본초

환절기에 생리통이나 수족냉증이 심해지는 분은 당귀 3~4조각을 넣어 우린 물을 사용하면 좋습니다.

새송이전복솥밥

고단백 고식이섬유 포만감

구우면 쫄깃쫄깃한 새송이버섯과 전복이 만나 씹는 맛이 즐거운 솥밥입니다. 버섯을 듬뿍 넣어 포만감은 높이고 칼로리는 줄여 배부르게 먹어도 살찔 걱정이 없습니다.

Recipe

· 3인분
· 1시간 소요

재료 · 쌀 2컵 · 전복(중) 2개 · 새송이버섯 2개(200g) · 통마늘 8개 · 참기름 약간

양념 · 진간장 2스푼 · 조청 2스푼 · 다진 마늘 1스푼 · 맛술 ½스푼 · 물 ½컵

※ 밥물은 쌀의 높이보다 조금만 높게 맞춰주세요. 강한 불에서 시작해 끓기 시작하면 약한 불에서 7~8분 정도 조리하고 불을 끈 뒤 5분 이상 뜸을 들이세요.

재료 도감

· **새송이버섯** … 식이 섬유가 풍부해 포만감이 오래가도록 하며, 강력한 항산화 물질인 에르고티오네인이 알츠하이머를 예방한다고 알려져 있습니다.

· **전복** … 저지방 고단백 식품으로 콜레스테롤이나 포화지방 걱정 없이 섭취할 수 있는 단백질 식품입니다.

· **마늘** … 성질이 따뜻한 식품으로 환절기에 먹으면 좋습니다. 푹 찐 마늘은 달큰한 맛이 납니다.

1 쌀은 30분 전에 미리 물에 불려 둡니다.

2 전복은 솔질해 씻은 뒤 껍질과 분리하고 내장과 입을 제거해 먹기 좋게 슬라이스해줍니다.

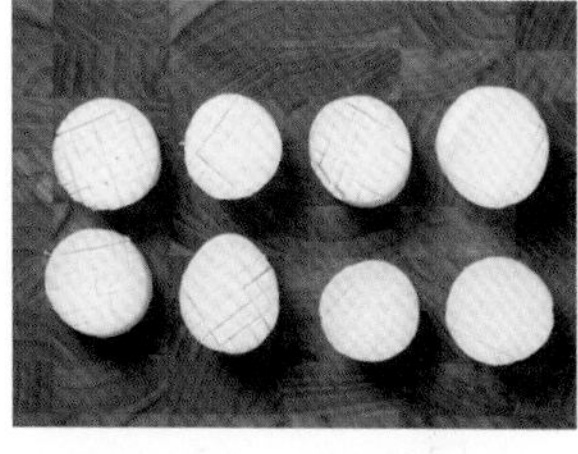

3 새송이버섯은 기둥을 동그랗고 두껍게 자른 뒤 단면에 벌집 모양으로 칼집을 냅니다.

4 달군 팬에 참기름을 두르고 버섯을 충분히 굽다가 표면이 갈색이 되면 분량의 양념 재료를 넣고 약한 불에서 뭉근하게 조립니다.

5 다진 전복 내장과 전복 살, 불린 쌀도 넣고 함께 가볍게 볶은 뒤 불을 끕니다.

6 솥밥용 냄비에 조린 새송이버섯, 전복, 쌀, 통마늘을 한번에 넣고 밥을 짓습니다.

김소형 원장의 면역 특강

궁합

양념에 약념간장(P.042)과 약념조청(P.042)을 사용하면 더 좋습니다. 새송이버섯을 조릴 때 다진 청양고추 ½개를 넣으면 은은하게 매콤한 솥밥이 완성됩니다.

약념 본초

쑥가루 2티스푼을 넣으면 환절기 수족냉증 완화에 도움을 받을 수 있습니다.

연어부추솥밥

항산화 혈액순환

세포를 보호하는 셀레늄이 풍부한 연어와 몸을 따뜻하게 해주는 부추를 넣었습니다. 현미와 귀리로 지어 더욱 건강합니다. 특히 부추의 따뜻한 성질 덕에 몸이 찬 분이 환절기에 먹으면 좋습니다.

Recipe

· 3인분
· 40분 소요

재료 ·스테이크용 연어 1덩이(300g 내외) ·현미 2컵 ·귀리 1/2컵 ·기장 1/2컵 ·부추 1컵 ·국간장 1스푼 ·식용유 적당량

양념 ·간장 1스푼 ·다진 생강 1/2티스푼 ·맛술 1스푼 ·후춧가루 약간

재료 도감

· **연어** … 연어 100g당 강력한 항산화제인 셀레늄이 권장 섭취량의 50% 정도 함유되어 있습니다. 또 오메가 3 함량이 높아 혈관 건강 개선에 좋습니다.

· **부추** … 혈액순환을 돕는 따뜻한 성질의 채소로 상피세포를 보호하는 비타민 A의 전구체인 베타카로틴이 풍부합니다.

· **귀리** … 식이 섬유가 풍부해 혈당을 천천히 올리는 곡물이라 당뇨가 있는 분에게 좋습니다.

1 현미와 귀리는 1시간 이상 물에 불립니다.

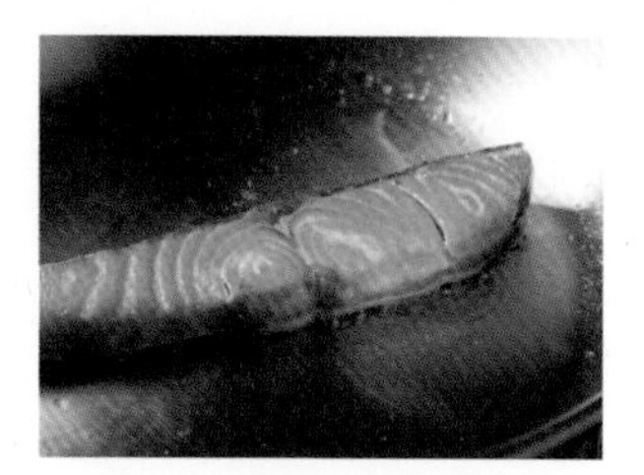

2 달군 팬에 식용유를 살짝 두르고 연어를 굽습니다.

3 연어 표면이 갈색으로 익기 시작하면 분량의 재료로 만든 양념을 연어에 고루 발라주고 마저 익힙니다.

4 솥밥용 냄비에 불린 현미, 귀리와 기장, 국간장을 넣고 밥을 합니다.

5 밥이 다 되면 뚜껑을 열고 구운 연어를 올린 뒤 5분간 뜸을 들입니다.

6 연어를 으깨서 밥과 함께 섞은 다음 송송 썬 부추를 올려 먹으면 됩니다.

김소형 원장의 면역 특강

밥물로 다시마 우린 물을 사용하면 더 감칠맛 있는 솥밥이 완성됩니다. 부추와 함께 채 썬 양파를 먹으면 기름진 연어의 맛을 중화해 더욱 좋습니다.

보이차가루 1스푼을 넣거나 밥물로 보이차 우린 물을 사용하면 연어의 지방 소화를 돕고 기름진 맛을 중화할 수 있습니다. 단, 카페인에 민감한 분은 피하는 것이 좋습니다.

오색채소비빔밥

항산화 항노화 눈건강 피부건강

항산화 영양소가 풍부하기로 유명한 채소만 골라 담아 만든 비빔밥입니다. 매콤한 소고기 양념장과 함께해서 더욱 맛있습니다.

Recipe

· 3인분

· 50분 소요

재료 · 적양배추 1컵 · 당근 1컵 · 케일 8장 · 양파 ½개 · 표고버섯 4개 · 소금 약간 · 식용유 약간 · 참기름 약간

양념장 · 청양고추 1개 · 된장 1스푼 · 고추장 ½스푼 · 다진 소고기 ⅔컵 · 참기름 1스푼

※ 양파의 매운맛이 싫다면 양파도 볶아주세요. 채소를 볶을 때 소량의 소금을 사용해도 좋습니다.

재료 도감

· **적양배추** … 항산화 물질인 안토시아닌이 풍부한 채소입니다. 흰색 양배추에 비해 비타민 C가 더 풍부합니다.

· **당근** … 피부를 포함한 상피세포를 보호하는 비타민 A가 많기로 유명한 채소입니다.

· **케일** … 베타카로틴 함량이 높은 녹황색 채소 중 하나입니다. 기름에 가볍게 볶아 먹으면 흡수율을 높일 수 있습니다.

· **청양고추** … 고추에는 항산화 영양소이자 콜라겐 형성에 꼭 필요한 비타민 C가 풍부합니다.

1 적양배추, 당근, 양파, 표고버섯은 얇게 채 썰어 준비합니다.

2 케일은 4등분해두고 청양고추는 다져줍니다.

3 달군 팬에 식용유를 살짝 두르고 당근, 표고버섯, 케일을 각각 볶아줍니다.

4 팬에 참기름을 살짝 두르고 소고기를 볶습니다. 소금도 약간 넣어주세요.

5 소고기가 다 익으면 나머지 양념장 재료를 넣고 약한 불에서 짧게 볶은 뒤 그릇에 옮겨 담습니다.

6 밥 위에 오색 채소를 옮겨 담고 양념장 2스푼을 얹어서 드세요.

김소형 원장의 면역 특강

궁합

항노화밥(P.144)과 함께 먹으면 더욱 좋습니다. 단백질 섭취량을 늘리기 위해 삶은 달걀 또는 달걀 프라이를 하나 추가해도 좋습니다.

약념본초

완성된 양념장에 아로니아 분말 ½스푼을 넣으면 안토시아닌 섭취를 늘릴 수 있습니다.

아로니아고추찜닭

항산화 고단백 저탄수화물

꽈리고추와 연근을 넣어 더 건강해진 찜닭에 아로니아를 넣은 양념장으로 항산화 영양소를 듬뿍 담았습니다. 항산화 영양소와 단백질 섭취를 한번에 해결하고 싶은 분께 권합니다.

Recipe

· 3인분
· 40분 소요

재료 · 닭볶음탕용 닭 1마리 · 꽈리고추 8~10개 · 연근 200g(잘랐을 때 2컵) · 양파 1개 · 소금 1티스푼

양념 · 아로니아가루 1스푼 · 진간장 1/3컵 · 맛술 2스푼 · 올리고당 3스푼 · 참기름 1스푼 · 다진 마늘 1스푼 · 후춧가루 약간

※ 매운 걸 잘 못 먹는 분은 풋고추를 사용해도 됩니다. 닭고기는 우유에 30분 정도 담가두면 잡내가 제거됩니다.

재료 도감

· **아로니아** … 안토시아닌이 풍부해 항암과 항염 효과가 있는 슈퍼 푸드입니다. 안토시아닌은 열에 비교적 안정적이어서 가열해 먹어도 괜찮습니다.

· **꽈리고추** … 비타민 C가 풍부한 식품입니다. 매운맛과 신맛이 비교적 적어 조림 요리에 사용하면 좋습니다.

· **연근** … 찜닭에 주로 넣는 감자나 고구마에 비해 탄수화물 함량과 칼로리가 낮아 대체하면 좋습니다. 지혈 및 소염 작용에도 도움이 되며 피부의 대사를 원활하게 합니다.

1 연근은 껍질을 벗기고 먹기 좋게 잘라줍니다.

2 끓는 물에 소금을 넣고 잘 씻어 놓은 닭과 연근을 삶아줍니다.

3 연근과 닭을 건져내 찬물에 한 번 헹궈 불순물을 제거하고, 닭 삶은 물은 2~3국자 남겨둔 다음 버립니다.

4 달군 팬에 닭고기, 연근, 닭 삶은 물과 분량의 재료로 만든 양념을 넣고 조리듯이 볶아줍니다.

5 국물이 충분히 졸아들면 먹기 좋게 썬 꽈리고추와 깍둑 썬 양파를 넣고 2~3분간 더 볶다가 불을 끕니다.

김소형 원장의 면역 특강

피부 세포를 보호하는 비타민 A를 섭취하기 위해 당근을 추가해도 좋습니다.

양념 재료에 생강가루 1스푼을 넣으면 고기 잡내를 잡고 항산화 기능을 더 높일 수 있습니다.

새우향감자배추전

식이섬유 균형잡힌식사

밀가루 대신 감자 전분을 넣어 만든 배추전입니다. 건새우가루를 넣어 단백질 함량도 높고 더 고소합니다. 맛있는 가을 배추로 담백하고 균형 잡힌 식사를 즐기세요.

Recipe

· 2인분
· 20분 소요

재료 ・감자 1+1/2개(200g) ・감자 전분 1/3컵 ・건새우 1컵 ・배춧잎 4~5장 ・식용유 적당량 ・소금 약간

※ 배추 아래쪽 하얗고 두꺼운 부분은 칼등으로 통통 쳐서 평평하게 해주면 고루 익습니다. 간 감자에서 나온 수분은 전분과 건새우가 흡수하기 때문에 버리지 않습니다.

재료 도감

· **배추** … 익으면 달달한 맛이 나며 식이 섬유가 풍부해 대장을 건강하게 합니다.

· **감자** … 비타민 C가 풍부한 식품입니다. 전분이 비타민 C를 보호하는 효과가 있어 익혀 먹어도 손실이 적습니다.

· **건새우** … 단백질 함량이 무려 50% 가까이 되는 고단백 식품입니다. 특유의 감칠맛이 요리의 풍미를 좋게 하는데, 껍질에 있는 타우린은 피로 해소 및 혈당 조절에도 도움을 주는 것으로 알려져 있습니다.

1 감자는 껍질을 깐 뒤 강판에 갈아주세요.

2 건새우는 믹서에 갈아 곱게 가루로 만들어주세요.

3 ①에 감자 전분과 새우가루, 소금을 넣고 섞어줍니다.

4 달군 팬에 식용유를 두르고 감자 반죽을 두껍지 않게 펴 올립니다. 그 위에 배춧잎을 1장 올리고 가볍게 반죽을 펴 바릅니다.

5 앞뒤로 노릇하게 구워주세요.

김소형 원장의 면역 특강

궁합 배추는 무와 함께 섭취하면 간암 예방 효과가 높아집니다. 무장아찌(P.212)와 함께 드세요.

약념 본초 상황버섯가루 1스푼을 넣으면 면역력 증강에 도움이 되며, 노란색을 띠어 먹음직스러운 전이 됩니다.

닭가슴살부추만두

만두피 없이 만드는 간단한 만두 레시피입니다. 지방이 적은 닭 가슴살과 채소를 듬뿍 넣어 칼로리 걱정 없이 먹을 수 있습니다. 한번에 많이 만들어놓고 늦은 밤 야식이 생각날 때 2~3개씩 꺼내 먹어도 좋습니다.

고단백 저칼로리

Recipe

· 2~3인분
· 40분 소요

재료 ·닭 가슴살 3덩이(300g) ·숙주 1컵 ·부추 1컵 ·양파 1/2개 ·감자 전분 2/3컵 ·소금 1티스푼 ·후춧가루 약간

※ 잘 뭉쳐지지 않는 경우 만두소에 감자 전분 1~2스푼과 달걀 1개를 추가하면 좋습니다. 라이스페이퍼를 만두피처럼 사용하는 것도 좋은 방법입니다.

재료 도감

· **닭 가슴살** … 닭고기 부위 중 지방이 가장 적고 단백질 함량이 높은 부위입니다. 곱게 갈아 익히면 단단히 뭉치기 때문에 만두피 없이도 모양을 유지할 수 있습니다.

· **부추** … 비타민 A의 전구체인 베타카로틴 함량이 높으며, 몸을 따뜻하게 해주는 채소입니다.

1 닭 가슴살은 믹서에 넣고 다지기 기능으로 곱게 다집니다.

2 숙주는 물에 살짝 데쳐 물기를 꾹 짜주세요.

3 숙주, 부추, 양파는 잘게 썰어줍니다.

4 다진 닭 가슴살과 다진 채소를 한데 넣고 소금과 후춧가루로 간하며 섞어줍니다.

5 ④를 뭉쳐 동그랗게 모양을 만들어준 뒤 감자 전분을 겉에 묻혀 서로 달라붙지 않게 합니다.

6 에어 프라이어나 찜기를 이용해 15분 이상 익힙니다.

김소형 원장의 면역 특강

양파를 잘게 잘라 갈색이 될 때까지 볶아 사용하면 단맛이 우러나와 더 맛있는 만두가 완성됩니다. 취향에 따라 청양고추를 살짝 다져 넣으면 매운맛이 식욕을 조절하는 데 도움을 줄 수 있습니다.

강황가루 1스푼을 넣으면 혈행을 개선하고 몸을 따뜻하게 하는 효과를 볼 수 있습니다.

한방두부전골

수족냉증완화 여성질환완화 소화원활

갑자기 추워진 날씨에 감기 기운이나 수족냉증이 있는 분이 먹으면 좋은 두부 전골입니다. 여성에게 좋은 본초로 국물을 우려내 산후 조리를 하거나 갱년기를 맞은 분에게도 권장합니다.

Recipe

· 2인분
· 30분 소요

재료 · 두부 1모 · 느타리버섯 1/2팩 · 배춧잎 4장 · 쑥갓 1줌 · 대파 1/2대 · 새우젓 약간
국물 · 멸치 1줌 · 건새우 1줌 · 다시마 3조각 · 무 1/2컵 · 당귀 1/4컵 · 천궁 1/4컵 · 오미자 1/3컵 · 말린 대추 4알

재료 도감
· **두부** … 콩으로 만든 두부는 식물성 에스트로겐인 이소플라본이 풍부한 식품입니다. 따뜻하게 먹으면 부드럽게 소화가 잘되고 칼슘이 풍부해 남녀노소 모두에게 좋습니다.
· **당귀·천궁** … 여성에게 좋은 본초로 생리통이 있을 때나 산전, 산후에 복용하면 좋습니다. 단 월경 과다 또는 임신 중인 분은 피하는 것이 좋습니다.
· **오미자** … 환절기 기침에 효과가 있으며 식물성 에스트로겐인 리그난이 풍부해 여성에게 좋습니다.

1 냄비에 물 2L를 붓고 국물 재료를 넣은 후 최소 20분 이상 끓입니다.

2 국물 재료는 건져내고 전골용 냄비에 국물을 붓습니다.

3 먹기 좋게 썬 두부, 배춧잎, 대파, 느타리버섯을 넣고 5분간 끓이다가 쑥갓을 넣고 새우젓으로 간합니다.

4 2~3분 정도 더 끓인 뒤 불을 끕니다.

김소형 원장의 면역 특강

미나리를 1줌 넣으면 베타카로틴 섭취와 함께 특유의 청량한 맛과 향을 느낄 수 있습니다. 청양고추 1개를 잘라 넣으면 매운맛 성분이 신진대사와 혈액순환을 촉진해 체온을 높여줍니다.

국물에 팥을 1줌 넣어 끓이면 이뇨 작용으로 부종을 가라앉혀 몸을 가볍게 하는 데 좋습니다. 다만 팥을 처음 끓인 물은 떫은맛이 나므로 버리고 재료를 넣고 다시 끓여 두 번째 국물부터 사용하세요.

차돌박이채소말이

고식이섬유 소화원활 항염

기름진 차돌박이와 함께 먹었을 때 더욱 좋은 채소를 모아 하나의 요리로 완성한 메뉴입니다. 노화를 막는 다양한 영양소를 섭취하고 싶은 분에게 좋은 메뉴입니다.

Recipe

· 2인분
· 20분 소요

재료 ·차돌박이 200g ·마늘종 3대 ·당근 1/3개 ·표고버섯 4개 ·파프리카 1개

소스 ·겨자 또는 고추냉이 1/2스푼 ·간장 2스푼 ·올리고당 1스푼

※ 마늘종이 너무 질기면 한번 데쳐서 준비하는 것도 좋습니다.

재료 도감

· **표고버섯** … 지용성비타민 D가 풍부한 식품입니다. 비타민 D는 뼈를 건강하게 하고 수면의 질을 높입니다.

· **당근** … 지용성비타민 A가 풍부한 식품입니다. 비타민 A는 시력을 보조하고 면역력을 강화하며, 상피세포의 노화를 막습니다.

· **마늘종** … 비타민 A의 전구체인 베타카로틴과 비타민 C가 풍부합니다. 알리신 성분도 있어 항염·항균 작용을 합니다.

· **파프리카** … 웬만한 과일보다 비타민 C 함량이 높은 채소입니다. 익히면 달달한 맛이 납니다.

1 표고버섯은 슬라이스하고 당근과 파프리카는 얇게 채 썹니다. 차돌박이보다 조금 짧은 길이로 맞춰주세요.

2 마늘종도 당근과 비슷한 길이로 썰어줍니다.

3 차돌박이 1장에 채소를 조금씩 올리고 돌돌 말아줍니다.

4 달군 팬에 기름 없이 채소말이를 굴려가며 굽습니다.

5 분량의 재료로 만든 소스에 다 익은 채소말이를 찍어서 먹으면 됩니다.

김소형 원장의 면역 특강

비타민 A 섭취량을 늘리고 싶다면 케일이나 부추를 추가해도 좋습니다. 항산화 물질인 안토시아닌 섭취를 늘리고 싶다면 비트를 추가하세요.

산사를 우린 차와 함께 먹으면 차돌박이의 소화를 돕고 혈중 콜레스테롤 수치를 떨어뜨리는 효과를 볼 수 있습니다.

토마토고추장 대하찜

저염분 고단백 항산화

고추장은 줄이고 토마토를 넣어 염분은 낮추고 감칠맛은 끌어올린 대하찜입니다. 토마토의 다양한 비타민과 함께 매콤한 새우 요리를 즐겨보세요.

Recipe

· 2인분

· 30분 소요

재료 · 대하 12마리 · 토마토 1개(100g) · 콩나물 1봉지(200g)

양념 · 토마토 페이스트 3스푼 · 고추장 1스푼 · 고춧가루 1스푼 · 올리고당 1스푼 · 맛술 2스푼 · 다진 마늘 1스푼 · 다진 양파 3스푼 · 후춧가루 약간 · 참기름 약간

※ 토마토는 방울토마토보다는 완숙 토마토를 사용하세요. 토마토 페이스트는 토마토 100%인 것으로 구매하세요.

재료 도감

· **대하** … 가을이 제철인 대하는 저지방 고단백 식품입니다. 콜레스테롤 함량이 높은 편이나 껍질과 함께 먹으면 껍질 속 키토산이 콜레스테롤이 몸에 쌓이지 않게 도와줍니다.

· **토마토** … 토마토는 다양한 비타민과 항산화 영양소인 라이코펜, 감칠맛을 내는 글루탐산이 풍부합니다.

1 토마토는 다져서 준비합니다.

2 대하는 내장을 제거하고 깨끗이 씻은 뒤 체에 밭쳐 물기를 제거합니다.

3 달군 팬에 참기름을 살짝 뿌리고 다진 마늘과 다진 양파, 다진 토마토를 볶다가 나머지 양념 재료를 넣고 약한 불에서 볶습니다.

4 양념 재료가 꾸덕해지면 대하를 넣어 함께 익힙니다.

5 대하가 거의 익으면 콩나물을 넣고 함께 볶습니다.

6 콩나물의 숨이 적당히 죽으면 불을 끕니다.

김소형 원장의 면역 특강

궁합

아귀나 낙지 등 다양한 해산물을 추가해도 좋습니다.

약념본초

계핏가루 1티스푼을 넣으면 몸을 따뜻하게 하는 효과와 함께 음식에 깊은 맛을 더할 수 있습니다.

양배추닭칼국수

저탄수화물 고단백 위장보호

면 양은 줄이고 양배추를 듬뿍 넣어 체중이나 혈당 관리 중에도 부담 없이 먹을 수 있는 칼국수입니다. 부드럽고 고단백 식품인 닭 안심도 듬뿍 넣어 든든하게 먹을 수 있어요.

Recipe

· 1인분
· 30분 소요

재료(1인분) ·칼국수 면 50g ·닭 안심 2덩이(약 150g) ·양배추 150g(잘랐을 때 2컵) ·쪽파 약간 ·소금 약간
국물 ·다시마 3조각 ·건새우 ½컵 ·통마늘 5개 ·대파 ½대 ·통후추 5개
※ 국물 재료에 황태를 ⅓컵 넣으면 더욱 깊은 맛의 국물을 만들 수 있습니다.

재료 도감

· **양배추** … 이번 요리에서 칼국수 면을 대체해줄 건강한 백색 식품입니다. 칼로리가 낮고 식이 섬유가 풍부하며, 위장을 보호하는 기능이 있습니다.

· **닭 안심** … 닭 가슴살에 비해 부드럽지만 저지방 고단백인 영양 성분은 거의 비슷합니다. 끓였을 때 좀 더 빠르게 국물이 우러나는 것이 장점입니다.

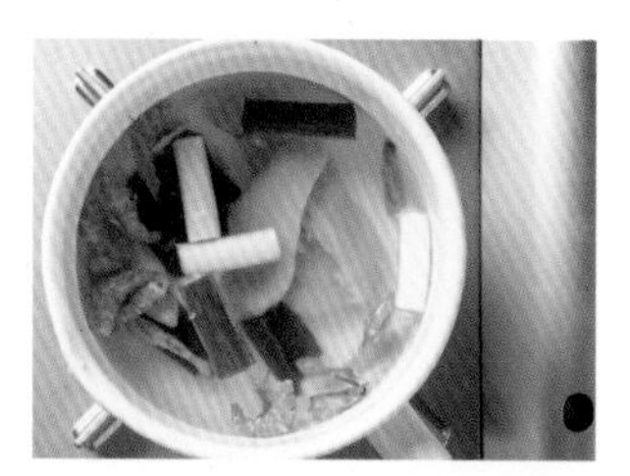

1 냄비에 물 1L와 국물 재료, 닭 안심을 넣고 끓이다가 끓어오르면 다시마를 건져내고 물 양이 ⅔로 줄 때까지 계속 팔팔 끓입니다.

2 닭 안심은 다 익으면 꺼내서 손으로 찢어줍니다.

3 양배추는 면발의 두께와 비슷하게 얇고 길게 썰어줍니다.

4 냄비에서 국물 재료를 건져내고 칼국수 면을 넣어 끓입니다.

5 면이 절반 정도 익었을 때 양배추를 넣어 함께 익히고 소금으로 간합니다.

6 면이 다 익으면 그릇에 옮겨 담고 닭 안심과 송송 썬 쪽파를 올려 마무리합니다.

김소형 원장의 면역 특강

취향에 따라 청양고추를 넣으면 매운맛 성분이 식욕을 조절하고 신진대사를 늘려 열량을 소모하게 합니다.

국물을 낼 때 유근피 2~3조각을 추가하면 피부에 열감이 많은 아토피나 여드름성 피부인 분에게 좋습니다. 이 경우 국물 재료에서 마늘과 대파는 제거해주세요.

트리플버섯잡채

고식이섬유 항암 저칼로리

당면의 양은 줄이고 다양한 버섯을 넣어 가볍고 건강해진 잡채입니다. 버섯의 깊은 풍미와 함께 항암 효과도 누려보세요.

Recipe

· 3인분
· 30분 소요

재료 · 당면 150g · 표고버섯 4개 · 팽이버섯 2팩(200g) · 느타리버섯 1팩(150g) · 당근 1컵 · 시금치 1단 · 양파 1개 · 잡채용 소고기 300g · 참기름 약간 · 소금 1스푼 · 후춧가루 약간

양념 · 간장 ¼컵 · 다진 마늘 1스푼 · 후춧가루 약간 · 통깨 약간 · 참기름 2스푼

※ 목이버섯, 능이버섯 같은 다른 버섯을 추가해도 좋습니다.

재료 도감

· **표고버섯** … 암세포의 성장을 억제하는 비타민 D가 풍부한 버섯입니다.
· **팽이버섯** … 종양을 억제하고 면역력을 높이는 사이토카인과 스테롤을 함유하고 있습니다.
· **느타리버섯** … 항암, 항산화, 면역력 증강 효과가 있는 플루란을 포함하고 있습니다.

1 모든 채소를 얇고 길게 채 썰어 준비합니다.

2 소고기는 소금과 후춧가루로 간해둡니다.

3 달군 팬에 참기름을 살짝 두르고 모든 채소와 고기를 각각 볶아줍니다. 채소마다 익는 속도가 다르기 때문에 채소도 각각 볶아야 합니다.

4 당면은 삶아서 체에 밭쳐 물기를 제거합니다.

5 당면이 따뜻할 때 분량의 양념 재료를 넣고 버무려줍니다.

6 이어서 볶은 채소와 고기도 함께 버무립니다.

김소형 원장의 면역 특강

궁합

일반 간장 대신 약념간장(P.042) ⅓컵을 사용해도 좋습니다. 얇게 채 썬 죽순을 추가하면 식이 섬유 섭취량을 늘릴 수 있어 변비 해소에 도움이 됩니다.

약념 본초

상황버섯가루 2스푼을 넣으면 항암 효과가 커집니다.

가을 보양식은

느리게 가는 시계를 선물한다.

당신의 건강과 아름다움이

오래 지속되도록.

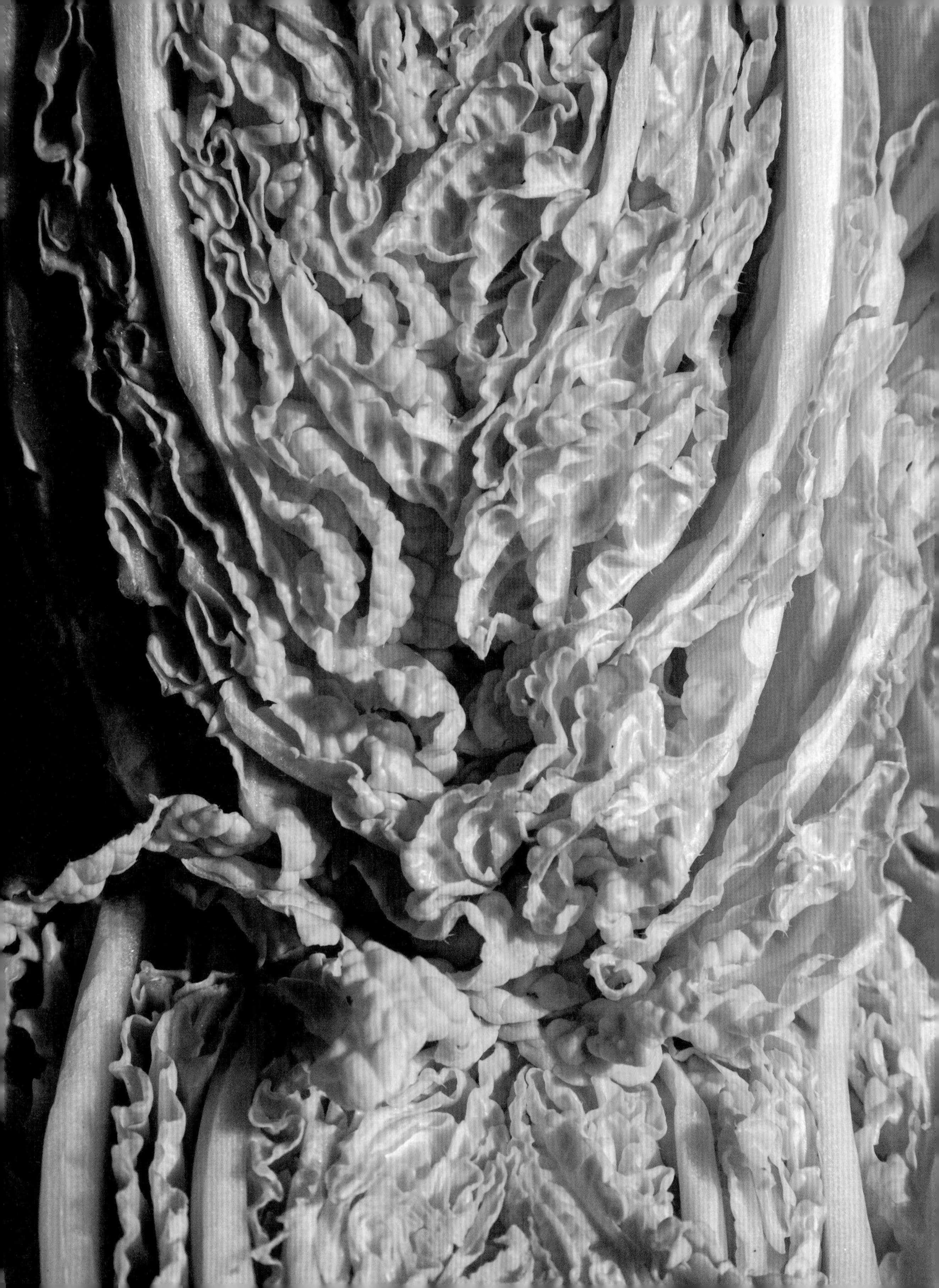

Part. 04

겨울 면역 보양식

매서운 찬 바람에 세상이 고요해지는 겨울입니다.

무너지기 쉬운 몸과 마음을

보양식으로 다스려 긴 추위를 이겨내보세요.

겨울冬 면역력 관리 / 관절·뼈 건강

대한민국의 겨울은 참 매섭습니다. 어쩌면 위기에 강하다는 우리나라 사람들의 국민성은 매해 혹독한 겨울을 이겨내야 했던 데서 비롯된 것이 아닐까 하는 생각도 듭니다. 실제로 겨울은 사망률이 가장 높은 계절입니다. 미끄러운 길과 굳은 몸으로 상해 사고도 많이 발생하며, 혈관이 수축되어 심·뇌혈관 문제가 쉽게 발생합니다. 또 춥고 건조한 기후에 활발히 활동하는 인플루엔자는 건조해진 기관지를 타고 사람 몸에 침투합니다. 따라서 겨울은 그 어느 때보다 면역력 관리가 중요한 시기입니다.

면역력 관리에서 제가 누차 강조하는 부분 중 하나는 바로 '적정 체온 유지'입니다. 추위에 체온이 떨어지면 면역 세포들의 활동이 더뎌지면서 체내로 침투한 유해균에 적절하게 대응하지 못하게 됩니다. 반면, 체온이 잘 유지되는 경우에는 면역력이 최대 5배까지 높아집니다. 또 겨울에는 미끄러운 바닥과 추위에 굳은 관절 때문에 낙상 사고의 위험도 높습니다. 특히 고령자의 경우, 골밀도가 낮아진 상태에서 낙상 사고를 겪는다면 회복이 매우 더뎌 삶의 질이 현격히 떨어집니다. 최악의 경우 단순 골절로 여겨지는 부상이 사망으로 이어지기도 합니다.

따라서 겨울 보양식은 혈액순환을 개선해 체온 유지를 도와주면서 관절과 뼈를 튼튼하게 하는 영양소와 기능성 물질이 풍부한 식품을 가득 담았습니다. 부수적으로 일조량이 적어 쉽게 우울감을 느끼고 불면증을 겪는 분을 위한 비법 레시피도 함께 소개해, 몸과 마음을 모두 따뜻하게 위로해주는 보양식으로 구성했습니다.

· 면역온활밥 항산화 | 항염증 | 감기 예방

· 관절튼튼밥 관절 보호 | 수족냉증 완화 | 여성 질환 완화

· 황태녹두죽 해독 | 해장 | 피부 미용 | 고단백

· 시래기불고기솥밥 변비 예방 | 진정 효과

· 향채기름꼬막솥밥 체온 상승 | 수족냉증 완화

· 콩나물굴국밥 해장 | 피로 해소 | 면역력 증가

· 매생이스지탕 콜라겐 섭취 | 빈혈 예방

· 새송이관자떡국 저탄수화물 | 고단백 | 고식이 섬유

· 매생이두부전 고단백 | 빈혈 예방 | 간 해독

· 그린홍합어묵탕 관절 보호 | 고단백 | 저탄수화물

· 항산화버섯카레 항산화 | 항염 | 성인병 예방 | 체온 상승

· 와인소스삼겹살구이 진정 효과 | 숙면 도움 | 고단백

· 시금치볶음쌀국수 비타민·무기질 보충 | 항산화 | 저탄수화물

· 약념해장국수 체온 상승 | 숙취 해소 | 저탄수화물 | 고단백

면역온활밥

항산화 항염증 감기예방

겨울철 호흡기 건강 및 면역력 증진에 좋은 차가버섯과 성질이 따뜻한 마늘이 조화를 이루는 보양밥입니다. 감기 예방 및 다양한 항암·항염증 효과를 보고 싶은 분께 추천합니다.

Recipe

· 3인분

· 30분 소요

재료 ・쌀 1+1/2컵 ・현미 1+1/2컵 ・통마늘 15개 ・건표고버섯 1컵 ・차가버섯가루 1스푼

※ 밥물로 다시마 우린 물을 사용하면 감칠맛을 더할 수 있습니다.

재료 도감

· **차가버섯** … 러시아의 산삼이라 불리는 버섯으로 다양한 효능이 있지만 특히 항암 효과로 널리 알려져 있습니다. 겨울철 호흡기 질환 완화에도 좋습니다.

· **마늘** … 성질이 따뜻한 마늘은 항암, 항염증 등 다양한 효능을 인정받은 식품입니다. 익히면 은은한 단맛이 나서 차가버섯의 씁쓸한 맛을 중화합니다.

1 쌀과 현미는 깨끗이 씻어서 준비합니다.

2 마늘은 으깨지 않고 통으로 준비합니다.

3 모든 재료를 밥솥에 넣고 손가락 한 마디 높이 정도로 밥물을 맞춥니다.

4 잡곡밥 기능으로 밥을 합니다.

김소형 원장의 면역 특강

궁합: 소화력이 약한 분은 백미의 비중을 늘리고, 당뇨가 있는 분은 현미의 비중을 늘리면 좋습니다.

약념본초: 맥문동 3~4조각을 함께 넣어 지으면 겨울철 호흡기 질환 증상 완화에 좋습니다.

관절튼튼밥

관절보호 수족냉증완화 여성질환완화

건강 수명의 중요한 요소인 관절 건강을 위한 밥입니다. 추운 겨울 부실한 관절로 부상 위험이 높거나 관절의 염증으로 통증을 느끼는 분에게 좋습니다.

Recipe

· 3인분
· 30분 소요

재료 · 쌀 1+½컵 · 현미 1+½컵 · 검은콩(서리태) ½컵 · 말린 대추 8알

밥물 · 우슬 ⅓컵 · 두충 ⅓컵 · 까마귀쪽나무 열매 ¼컵

※ 대추의 씨앗에도 좋은 약성이 있으니 밥을 지을 때 함께 넣고 먹기 전에 제거하세요.

재료 도감

· **우슬** … 퇴행성 관절염에 특효인 본초입니다. 특히 하체의 활혈(活血) 작용이 뛰어나 허리와 무릎 관절에 좋습니다.

· **두충** … 관절 통증을 없애고 인체의 깊숙한 습기, 냉기를 없애는 효과가 있어서 몸속의 무겁고 눅눅한 습기를 날려 가볍게 합니다. 몸이 차서 생기는 증상에 좋은데 특히 관절, 여성 질환 완화에 좋습니다.

· **까마귀쪽나무 열매** … 해녀들의 관절 건강 비법으로 알려진 열매입니다. 임상 시험에서 연골을 보호하면서 손상을 방지하고 염증을 완화하는 효과가 입증되어, 식약처에서 관절 건강에 도움을 줄 수 있다는 기능성을 인증받았습니다.

1 검은콩은 최소 1시간 이상 미리 불려둡니다.

2 대추는 깨끗이 씻은 뒤 4등분해서 준비해주세요.

3 물 1L를 냄비에 넣고 밥물 재료를 넣어 약한 불에서 20분 이상 끓인 뒤 재료를 건져냅니다.

4 밥솥에 씻은 쌀과 현미, 검은콩, 대추를 넣고 끓여놓은 밥물을 넣습니다.

5 잡곡밥 기능으로 밥을 합니다.

김소형 원장의 면역 특강

궁합 대추에서 은은한 단맛이 우러나와 약재의 맛과 향을 중화해주니 꼭 넣으세요.

약념본초 밥물 재료에 가시오가피 ⅓컵을 함께 우리면 관절 보호 효과를 배가할 수 있습니다.

황태녹두죽

해독 해장 피부미용 고단백

피부와 간을 보호하는 재료로 구성해 연말연시 술자리를 자주 갖는 분과 겨울철 피부가 푸석푸석해진 분께 추천하는 건강죽입니다.

Recipe

· 2인분
· 30분 소요

재료 ·황태채(북어채) 1줌 ·녹두 1컵 ·누룽지 1컵 ·들기름 2스푼 ·소금 1티스푼 ·간장 1스푼 ·액젓 1스푼 ·다진 마늘 1/2스푼 ·대파 또는 쪽파 약간

※ 녹두를 미리 불리지 못한 경우 1시간 정도 삶아주세요. 녹두 껍질은 제거하지 않고 그대로 사용합니다.

재료 도감

· **녹두** … 예로부터 백 가지 독을 풀어주는 식품이라 해서 해독이 필요할 때 사용했습니다. 특히 피부의 열독을 내려주어 아토피 또는 여드름성 피부인 분에게 좋습니다.

· **황태** … 간을 보호해주는 메티오닌, 리신 등 아미노산이 풍부합니다. 전체 단백질은 100g당 80g 정도로 고단백질이며 단백질 분자가 작은 편이라 부드럽게 익혀 먹으면 소화가 잘되는 식품입니다.

1 녹두는 전날 미리 불려놓습니다. 황태는 물에 헹군 뒤 손으로 짜 생수 5컵을 부어 불립니다.

2 들기름을 두른 팬에 물기를 꼭 짠 황태를 올려 중간 불에 야들야들해질 때까지 볶습니다.

3 냄비에 ①의 황태 불린 물을 붓고 볶은 황태와 액젓, 간장을 넣어 간한 뒤 끓입니다.

4 누룽지를 넣고 함께 끓이다가 잘 퍼지면 녹두를 넣어 끓입니다.

5 다진 마늘을 넣고 소금으로 간합니다.

6 대파나 쪽파를 고명으로 올려 마무리합니다.

김소형 원장의 면역 특강

궁합 콜라겐이 풍부한 황태 껍질도 곱게 갈아서 1스푼 정도 넣으면 좋습니다.

약념 본초 숙취 해소 효과를 강화하려면 헛개 1/3컵 우린 물을 넣으세요.

시래기불고기솥밥

변비예방 진정효과

변비를 예방해주는 시래기, 진정 작용을 해 불면증에 좋은 연자육과 연근을 넣은 솥밥입니다. 일조량이 적어 활동도 뜸해지고 우울감도 증가하는 겨울철 영양밥으로 추천합니다.

Recipe

· 3인분

· 40분 소요

재료 ·쌀 1컵 ·현미 1컵 ·불린 시래기 1+1/2컵 ·연근 1컵 ·연자육 1/2컵 ·불고기용 소고기 2컵(300g) ·양파 1개 ·쪽파 약간 ·통깨 약간 ·참기름 약간

양념 ·간장 3스푼 ·올리고당 1스푼 ·다진 마늘 1스푼 ·다진 생강 1티스푼

※ 밥물의 양은 쌀의 높이보다 손가락 한 마디 정도 높게 잡아주세요. 연근을 다지기 힘든 경우 얇게 슬라이스해 넣어도 됩니다.

재료 도감

· **시래기** … 100g당 식이 섬유 10g으로 변비 해소에 도움이 되는 식품입니다. 특히 베타카로틴 함량이 높습니다.

· **연근** … 예로부터 소화기를 보호한다고 해서 죽이나 차로 많이 섭취하던 식품입니다.

· **연자육** … 스트레스로 불면증에 시달릴 때 진정 작용을 해 수면을 취하도록 도와주는 식품입니다.

1 달군 팬에 물을 약간 붓고 채 썬 양파를 넣어 갈색이 될 때까지 볶습니다.

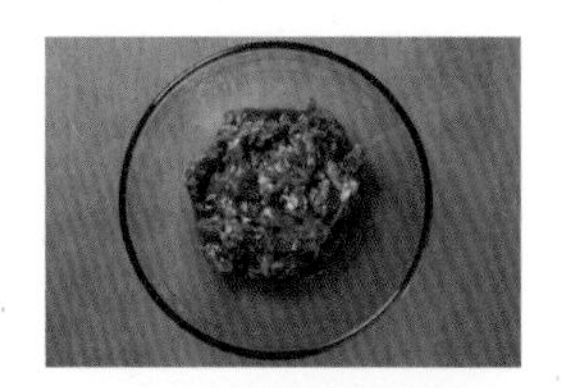

2 분량의 재료로 만든 양념을 소고기에 버무려줍니다.

3 양파와 함께 소고기도 볶은 뒤 그릇에 옮겨둡니다.

4 팬에 참기름을 소량 두르고 먹기 좋게 썬 불린 시래기를 5분 정도 볶습니다.

5 연근을 밥알 크기의 2~3배로 다져둡니다.

6 솥밥용 냄비에 씻은 쌀과 현미, 볶은 시래기, 연근, 연자육을 넣고 밥물을 맞춥니다.

7 밥이 다 되면 불고기를 넣고 5분간 뜸 들입니다.

8 그릇에 옮겨 담은 뒤 쪽파와 통깨로 고명을 올립니다.

김소형 원장의 면역 특강

궁합 쪽파와 함께 부추, 청양고추 등을 다져 넣으면 체온을 높여줍니다.

약념본초 감초 3~4조각 우린 물로 밥물을 하면 심신안정, 해독, 역류성 식도염 완화 효과를 볼 수 있습니다.

향채기름꼬막솥밥

체온상승 수족냉증완화

체온을 끌어올려주는 향채로 기름을 내서 만든 꼬막솥밥입니다. 다진 무를 넣어 탄수화물 함량을 낮춰 더 건강합니다.

Recipe

· 3인분
· 40분 소요

재료 · 쌀 2컵 · 현미 1컵 · 꼬막 30개 · 무 1컵 · 간장 1스푼

파기름 · 대파(흰 부분) 1대분 · 다진 마늘 1+½스푼 · 다진 생강 1티스푼 · 고춧가루 1스푼 · 식용유 ½컵

※ 꼬막 데친 물에 흙이 많지 않다면 밥물로 사용하면 좋습니다. 밥물은 쌀 높이보다 손가락 한 마디만큼 오게 부으세요. 밥과 섞을 때 파기름은 건더기 위주로 넣고 그 외 기름은 남기세요.

재료 도감

· **대파·마늘·생강·고춧가루** … 매운맛을 내며 체온을 높이는 성질이 따뜻한 채소입니다.
· **꼬막** … 철분과 칼슘, 필수아미노산이 풍부한 겨울 제철 음식입니다.
· **무** … 익히면 부드럽고 달달해져 풍미가 좋아집니다. 밥알과 비슷한 크기로 썰어 넣으면 탄수화물 양을 줄일 수 있습니다.

1 꼬막은 한번 데쳐서 살만 발라냅니다. 대파는 얇게 송송 썰어 준비합니다.

2 팬에 식용유를 붓고 가열합니다.

3 대파 1조각을 넣었을 때 튀겨지듯 할 때까지 온도가 오르면 불을 끄고 분량의 나머지 파기름 재료를 넣어 섞은 뒤 10분간 그대로 둡니다.

4 온도가 어느 정도 떨어진 파기름에 꼬막과 간장을 넣고 버무려 둡니다.

5 솥밥용 냄비에 쌀과 현미, 밥알 크기의 2~3배로 다진 무를 넣고 밥을 합니다.

6 밥이 다 되면 꼬막과 파기름을 넣고 섞은 뒤 5분간 뜸 들입니다.

김소형 원장의 면역 특강

다시마와 멸치를 끓인 국물로 밥물을 하면 더 깊은 맛이 납니다. 양배추를 얇게 채 썰어 고명으로 올리면 매운맛을 중화하고 위장을 보호할 수 있습니다.

강황 ½스푼을 넣어 함께 밥을 지으면 피를 맑게 하고 체온을 올리는 데 도움을 줍니다.

콩나물굴국밥

해장 · 피로해소 · 면역력증가

뜨끈하게 몸을 녹일 수 있는 국밥입니다. 굴과 콩나물을 넣어 숙취 해소, 피로 해소, 그리고 면역력 증진에도 좋습니다.

Recipe

· 2인분
· 30분 소요

재료 · 콩나물 1봉지(150g) · 밥 1공기 · 굴 2컵(약 200g) · 부추 1컵 · 다진 마늘 ½스푼 · 새우젓 약간
국물 · 무 ½컵 · 황태 ⅓컵 · 멸치 ⅓컵 · 다시마 2조각
※ 식중독을 예방하기 위해 굴은 확실히 익혀주세요. 굴을 씻기 위한 굵은소금이 필요합니다.

재료 도감

· **콩나물** … 아스파라긴산이 풍부해 피로 및 숙취 해소에 도움을 주는 식품입니다. 100g당 30kcal 정도로 국에 듬뿍 넣어 먹으면 포만감 대비 칼로리가 낮은 식사를 할 수 있습니다.
· **굴** … 면역력에 중요한 영양소인 아연이 풍부합니다. 또 칼슘과 비타민 B_{12}가 풍부해 뼈 건강 및 빈혈 예방을 돕습니다. 《동의보감》에서는 피부를 곱게 한다고 기록되어 있습니다.

1 물 1L와 국물 재료를 냄비에 넣고 15분간 끓입니다.

2 굵은소금으로 굴을 깨끗이 씻어줍니다.

3 국물이 잘 우러나면 국물 재료를 건져내고 밥, 굴, 콩나물, 다진 마늘을 넣습니다.

4 굴이 완전히 익을 때까지 끓인 뒤 불을 끄고 부추를 올린 다음 새우젓으로 간합니다.

김소형 원장의 면역 특강

면역온활밥(P.176)과 함께 먹으면 더 좋습니다. 청양고추를 살짝 다져 넣으면 몸을 따뜻하게 하는 데 더 도움이 됩니다.

국물 재료에 헛개 ⅓컵을 넣고 함께 우리면 숙취 해소에 좋습니다.

콜라겐섭취 빈혈예방

콜라겐이 많은 스지(소 힘줄)와 비타민, 무기질이 풍부한 매생이가 만난 스지탕입니다. 피부나 관절을 위해 콜라겐이 필요하다고 느끼는 분께 추천합니다.

Recipe

- 2인분
- 30분 소요

재료 ・생매생이 2/3컵 ・스지 2컵 ・다진 마늘 1/2스푼 ・국간장 1스푼 ・액젓 1스푼

국물 ・다시마 3조각 ・멸치 1/2컵 ・무 1/2컵

※ 건조 매생이를 쓰는 경우 5~6g 준비하세요. 스지에서 뽀얀 국물이 우러날 때까지 끓이면 좋습니다.

재료 도감

・**매생이** … 철분과 엽산이 풍부해 빈혈이 있는 사람 또는 임신부에게 좋습니다. 항산화 영양소인 비타민 E도 풍부해 매생이 100g으로 하루 필요량의 약 30%를 채울 수 있습니다.

・**스지** … 단백질과 콜라겐이 풍부한 식품입니다. 푹 끓인 스지에서 나오는 국물은 탕 요리에 누진한 감칠맛을 더해줍니다.

1 스지는 전날 한번 푹 끓인 뒤 물에 넣은 상태로 냉장 보관합니다.

2 냄비에 물 1.5L를 넣고 국물 재료와 먹기 좋게 썬 스지를 넣은 뒤 끓입니다.

3 국물 재료는 건져내고 매생이와 다진 마늘을 넣고 더 끓입니다.

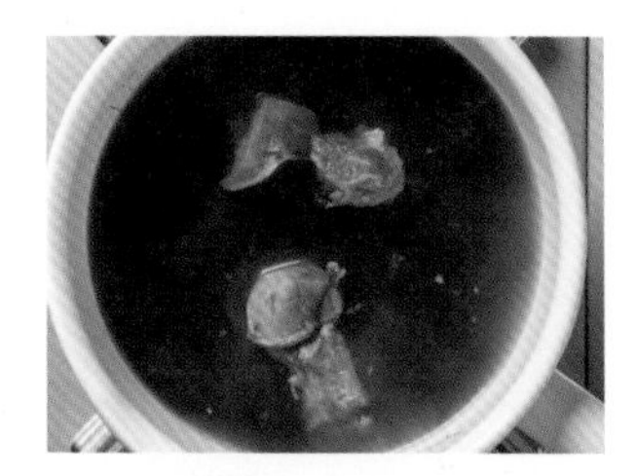

4 농도가 맞춰지면 국간장, 액젓을 넣어 간합니다.

김소형 원장의 면역 특강

피부 세포를 보호하는 비타민 A를 섭취하기 위해 당근을 추가해도 좋습니다.

국물 재료에 가시오가피나 우슬을 1/3컵 정도 넣어 함께 우리면 관절 염증 완화에 좋습니다.

새송이관자떡국

저탄수화물 고단백 고식이섬유

연초면 꼭 먹게 되는 고탄수화물 음식인 떡국을 새송이 버섯과 관자를 넣어 건강하게 만들었습니다. 쫄깃한 식감은 그대로 유지하고 식이 섬유와 단백질 양은 늘린 떡국을 즐겨보세요.

Recipe

· 2인분
· 30분 소요

재료 · 관자 3개 · 새송이버섯 2개 · 떡국떡 2+½컵 · 달걀 1개 · 다진 마늘 1스푼 · 국간장 또는 소금 약간 · 후춧가루 약간 · 대파 약간

국물 · 멸치 ½컵 · 건새우 ⅓컵 · 다시마 2조각

※ 건새우 대신 황태를 사용해도 좋습니다.

재료 도감

· **관자** … 100g당 20g의 단백질을 함유한 고단백 식품입니다. 쫄깃한 식감과 하얀 살이 떡국과 비슷하고 익혔을 때 나오는 국물이 음식의 맛을 풍성하게 합니다.

· **새송이버섯** … 식이 섬유가 풍부해 장내 환경을 개선하고 대장암과 치매 예방 등 다양한 효과를 발휘합니다.

1 관자와 새송이버섯은 떡국떡처럼 얇게 슬라이스합니다.

2 냄비에 물 1. 5L와 국물 재료를 넣고 15분간 끓입니다.

3 국물 재료를 건져내고 관자, 새송이버섯, 떡, 다진 마늘을 넣은 뒤 15분간 끓입니다.

4 마지막에 달걀을 풀어 넣고 국간장, 후춧가루로 간합니다.

5 대파를 송송 썰어 고명으로 올려주세요.

김소형 원장의 면역 특강

궁합 눅진한 국물 농도를 맞추기 위해 찹쌀가루 ½스푼을 물에 풀어 넣어도 좋습니다. 관자를 참기름에 한번 구워 넣으면 더 맛있습니다. 관자 대신 닭가슴살부추만두(P.158)를 넣어도 좋습니다.

약념본초 겨울철 기침 감기로 고생하는 분은 복령 3~4조각 또는 맥문동 ⅓컵을 국물에 함께 넣으면 좋습니다.

매생이두부전

천연 종합 비타민인 매생이와 식물성 단백질의 보고인 두부로 만든 전입니다. 쌀가루로 만들어 밀가루를 잘 소화하지 못하는 분에게도 좋습니다.

고단백 빈혈예방 간해독

Recipe

· 3인분
· 20분 소요

재료 · 생매생이 1컵 · 두부 1모(300g) · 쌀가루 1컵 · 식용유 적당량 · 들기름 약간 · 소금 약간

※ 반죽은 약간 꾸덕해야 좋습니다. 두부와 매생이의 수분이 너무 많은 경우 쌀가루를 조금 더 넣어주세요. 들기름만 사용하면 들기름 향에 매생이와 두부의 맛이 묻힙니다.

재료 도감

· **매생이** … 다양한 비타민과 무기질이 신진대사를 원활하게 해 피로 해소 및 빈혈 예방에 도움이 되는 식품입니다. 아스파라긴산과 타우린도 함유해 간 건강에 좋습니다.

· **두부** … 현대인에게 부족한 식물성 단백질을 섭취하게 해주는 좋은 식품입니다. 소화력이 약한 분도 쉽게 드실 수 있습니다.

1 매생이는 흐르는 물에 헹궈 씻은 뒤 꼭 짜서 물기를 제거합니다.

2 두부는 비닐 팩에 넣고 손으로 으깨주세요. 흐르는 수분은 제거합니다.

3 두부, 매생이, 쌀가루를 한데 넣어 섞고 소금으로 간합니다.

4 달군 팬에 식용유와 들기름을 1:1 비율로 두르고 반죽을 올려 전을 부칩니다.

김소형 원장의 면역 특강

궁합

단백질 함량을 좀 더 늘리고 싶다면 곱게 간 건새우를 ½컵 정도 넣어도 좋습니다. 양배추절임(P.210)과 함께 먹으면 식이 섬유 섭취량을 늘릴 수 있습니다.

약념 본초

평소 기름진 음식을 잘 소화하지 못하는 분은 보이차와 함께 먹으면 좋습니다. 단, 카페인에 민감한 분은 연하게 먹거나 피해주세요.

그린홍합어묵탕

관절보호 고단백 저탄수화물

관절에 좋기로 소문난 그린 홍합과 생선살로 만든 어묵으로 만든 얼큰한 탕입니다. 생선을 식탁 위에 자주 올리고 싶지만 어려운 분, 그리고 겨울철에 뜨끈한 탕을 뚝딱 만들고 싶은 분께 추천합니다.

Recipe

· 2인분
· 20분 소요

재료 ·그린 홍합 15개 ·어묵 3컵(300g) ·청경채 4개 ·느타리버섯 ½팩 ·청양고추 1~2개 ·참치액 ½스푼 ·다진 마늘 ½스푼 ·국간장 2스푼

국물 ·무 1컵 ·다시마 3조각 ·멸치 ½컵 ·건새우 ½컵

※ 그린 홍합은 일반 홍합과 다릅니다. 뉴질랜드산 홍합으로, 주로 인터넷이나 대형 마트에서 구매할 수 있습니다. 혈당을 관리 중이라면 어묵을 고를 때 어육 함량이 80% 이상인 것으로 선택하면 좋습니다.

재료 도감

· **그린 홍합** … 염증을 유발하는 류코트리엔의 생성을 억제하는 리프리놀이 풍부한 식품입니다. 이 성분이 관절에 좋은 것으로 알려져 있습니다. 일반 홍합 대비 크기가 크고 껍질이 초록빛을 띱니다.

· **어묵** … 생선살로 만드는 어묵은 보통 단백질이 10~15% 정도 함유되어 있습니다.

1 무는 3cm 정도로 두껍게 썰어 준비합니다.

2 냄비에 물 1.5L를 넣고 다시마, 멸치, 건새우, 무를 넣어 10분 이상 푹 끓입니다.

3 무를 제외한 국물 재료를 건져 내고 홍합, 어묵, 느타리버섯을 넣어 5분 정도 더 끓입니다.

4 국물 농도가 어느 정도 맞춰지면 참치액과 다진 마늘, 국간장으로 간합니다.

5 마지막으로 송송 썬 청양고추와 청경채를 넣고 불을 끕니다.

김소형 원장의 면역 특강

곤약이나 버섯처럼 칼로리가 낮은 어묵탕 재료를 추가해도 좋습니다.

국물 재료에 가시오가피, 우슬, 까마귀쪽 열매, 두충을 추가해서 우리면 관절 염증 완화에 더욱 좋습니다.

항산화 | 항염 | 성인병예방 | 체온상승

항산화, 항염 효능이 있는 차가버섯과 상황버섯을 넣은 카레입니다. 다양한 채소도 함께 먹게 되어 비타민, 무기질, 식이 섬유 등을 섭취하는 데도 좋습니다.

Recipe

· 3인분

· 30분 소요

재료 ·카레가루 1컵 ·브로콜리 1컵 ·감자 1컵 ·당근 1컵 ·양파 1개 ·양송이버섯 5개 ·돼지고기 앞다리살 300g ·차가버섯가루 1스푼 ·상황버섯가루 1스푼 ·식용유 적당량

※ 카레가루는 강황 함량이 높은 것으로 구매하면 좋습니다.

재료 도감

· **카레(강황)** … 강황은 피를 맑게 하고 몸을 따뜻하게 하는 효과가 있습니다.

· **차가버섯** … 면역 성분이 풍부해 몸의 방어력을 높여줍니다. 또 차가버섯의 에르고스테롤 퍼옥사이드가 대장암 예방에 도움이 된다는 연구 결과도 있습니다.

· **상황버섯** … 베타글루칸 성분이 암세포가 재발하거나 증식하는 것을 막아주는 역할을 합니다. 특히 유방암, 폐암, 전립선암을 예방하며 면역력을 높이는 데 도움을 줍니다. 또 혈압을 낮추고 당뇨병의 진행을 늦춰주는 역할을 합니다.

1 카레가루는 미리 물에 개어놓고 모든 채소는 먹기 좋게 썰어놓습니다.

2 달군 팬에 식용유를 두르고 돼지고기를 볶습니다.

3 냄비에 물 1.5L를 붓고 당근, 감자, 돼지고기를 먼저 넣어 15분 정도 끓이다가 양송이버섯, 브로콜리, 양파와 개어둔 카레가루를 넣습니다.

4 차가버섯가루와 상황버섯가루도 넣고 저어가며 끓입니다.

5 감자 또는 당근이 부드럽게 익었는지 확인한 뒤 불을 끕니다.

김소형 원장의 면역 특강

궁합 탄수화물 섭취를 조절해야 하는 분은 저칼로리밥(P.142)과 함께 드시면 좋습니다. 표고버섯이나 목이버섯 등 다양한 버섯을 추가해도 좋습니다.

약념 본초 영지버섯 가루를 1스푼 넣으면 더욱 좋습니다. 다만 맛이 좀 쓴 편이니 넣기 전에 참고해주세요.

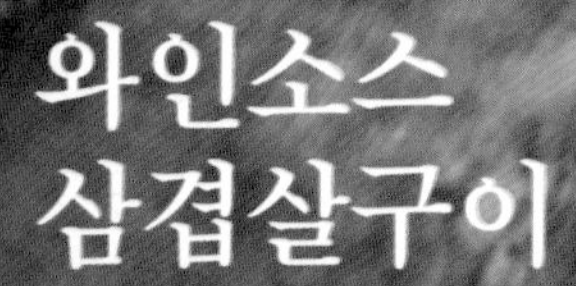

진정효과 숙면도움 고단백

'기분이 저기압이면 고기 앞으로 가라'는 우스갯소리가 있지요. 마음을 진정시키고 숙면을 도와주는 본초로 만든 와인소스와 우리나라 대표 고기, 삼겹살로 기분 좋은 겨울밤을 만들어보세요.

Recipe

· 2인분
· 50분 소요

재료 ·수육용 삼겹살 300g ·방울토마토 5개 ·연근 1컵 ·소금 약간 ·후춧가루 약간 ·상추 적당량
소스 ·레드 와인 1컵 ·감초 4~5조각 ·유근피 3조각 ·계핏가루 1티스푼 ·조청 1스푼
※ 유근피는 물에 오래 불리면 나오는 끈적한 성분에 약성이 있으니 미리 불려주세요. 조청이 없으면 올리고당으로 대체하세요.

재료 도감

· **감초** … 해독 등 다양한 기능이 있는 감초는 심신을 안정시켜 마음을 편안하게 해주는 효과도 있습니다.
· **유근피** … 불면증, 비염, 아토피 완화 등의 효과가 있는 본초입니다.
· **계피** … 혈당 조절 효과를 인정받은 계피는 불면증 개선에도 도움이 됩니다. 따뜻한 성질이라 돼지고기와 유근피의 찬 성질을 중화할 수 있습니다.
· **상추** … 숙면, 심신 안정에 도움이 되는 식품입니다.

1 냄비에 물 500ml를 붓고 감초, 유근피를 넣고 20분 이상 푹 끓입니다.

2 감초, 유근피를 걸러내고 와인, 계핏가루, 조청을 넣어 약한 불에서 5분 정도 더 끓입니다.

3 삼겹살은 소금, 후춧가루로 간하고 표면에 칼집을 내 양념이 잘 스며들게 합니다.

4 달군 팬에 삼겹살 표면이 갈색이 되도록 초벌구이를 합니다.

5 얇게 슬라이스한 연근을 팬 위에 함께 올려 튀기듯 구워줍니다.

6 팬의 기름을 닦아내고 다시 삼겹살과 소스를 넣은 뒤 삼겹살을 굴려가며 약한 불에서 뭉근히 익힙니다.

7 소스가 끈적해지기 시작하면 살짝 칼집을 낸 방울토마토를 넣고 함께 익힙니다.

8 고기가 안쪽까지 익으면 불을 끄고 먹기 좋게 썬 뒤 연근을 올려 마무리합니다. 상추에 싸서 함께 먹습니다.

김소형 원장의 면역 특강

토마토와 함께 미니 양배추 또는 단호박을 넣어 익혀 먹어도 좋습니다.

육류를 소화하기 힘든 분은 소스 재료에 산사를 ¼컵 정도 넣으면 소화에 도움을 받을 수 있습니다.

시금치볶음쌀국수

비타민·무기질 보충 항산화 저탄수화물

낙상 사고 위험이 있는 겨울, 뼈를 튼튼하게 하는 식품을 가득 담은 볶음쌀국수로 건강하게 대비해보세요. 면은 적게, 채소는 듬뿍 넣어 탄수화물 함량을 줄여 부담 없이 먹을 수 있습니다.

Recipe

· 2인분
· 30분 소요

재료 ·쌀국수 면 70g ·시금치 1줌 ·목이버섯 1컵 ·양배추 2컵 ·두부 ½모 ·대파 1대 ·식용유 약간 ·소금 약간 ·통깨 약간

양념 ·다진 마늘 1스푼 ·굴소스 또는 액젓 ½스푼 ·간장 1스푼 ·올리고당 1스푼 ·후춧가루 약간

※ 결석이 있는 분은 시금치를 한번 데쳐서 사용하세요. 건목이버섯은 물에 불려서 1컵 준비해주세요.

재료 도감

· **시금치** … 비타민 A·C, 엽산을 포함한 다양한 미량영양소가 풍부합니다.
· **목이버섯** … 뼈에 칼슘이 흡수되도록 돕는 비타민 D가 풍부한 식품입니다.
· **양배추** … 비타민 K가 풍부하며 칼슘 함량이 높은데, 흡수율도 좋은 편이라 뼈와 치아를 건강하게 유지합니다.
· **두부** … 주재료인 콩에 식물성 여성호르몬인 이소플라본이 풍부해 골밀도가 낮아지는 갱년기 여성에게 좋습니다.

1 양배추는 면발과 비슷한 두께로 썰어서 준비해주세요.

2 쌀국수 면은 소금을 약간 넣고 삶아서 80% 정도만 익혀 준비합니다.

3 달군 팬에 식용유를 두르고 깍둑 썬 두부를 튀기듯 볶아줍니다.

4 두부를 그릇에 옮겨놓은 뒤 팬에 대파, 목이버섯, 양배추, 시금치 순으로 하나하나 추가해가며 소금을 약간 넣고 볶습니다.

5 쌀국수 면을 넣으면서 양념 재료도 모두 함께 넣습니다.

6 1~2분 정도 빠르게 볶은 뒤 볶은 두부를 넣고 통깨를 올려 마무리합니다.

김소형 원장의 면역 특강

궁합 양배추 대신 얇게 채 썬 죽순을 넣어도 좋습니다.

약념 본초 오미자 ⅓컵을 으깬 뒤 양념 재료에 넣으면 식물성 여성호르몬인 리그난의 도움을 받아 갱년기 증상을 완화할 수 있습니다.

약념해장국수

체온상승 숙취 해소 저탄수화물 고단백

추운 겨울철, 체온을 후끈 올려 감기를 예방해주는 칼칼한 국수입니다. 두부 면을 넣어 더 건강하게 먹을 수 있습니다. 해장에 좋은 식품도 담았으니 숙취 해소 음식으로도 그만입니다.

Recipe

· 1인분
· 30분 소요

재료 ・두부 면(포두부) 2컵 ・샤부샤부용 소고기 80g ・배추김치 1/2컵 ・콩나물 1줌 ・식용유 1/4컵 ・국간장 약간 ・들기름 1스푼 ・깻잎 3장

국물 ・다진 마늘 1스푼 ・고춧가루 1스푼 ・대파 1/2컵 ・생강 1티스푼 ・식용유 1/4컵 ・들기름 1스푼

※ 두부 면은 대형 마트 또는 인터넷에서 구매 가능합니다. 건조 상태의 포두부를 구매한 경우 가볍게 데쳐서 준비해주세요.

재료 도감

· **마늘·고춧가루·대파·생강** … 성질이 따뜻한 식품으로 체온을 올려 면역력 증가에 도움을 받을 수 있습니다.

· **깻잎** … 칼슘과 비타민 K가 풍부해 뼈를 보호합니다. 깻잎 특유의 향은 소화를 돕고 몸의 찬 기운을 없애줍니다.

· **콩나물** … 해장에 도움이 되는 대표적인 식품입니다. 콩나물에 함유된 아스파라긴산은 피로 해소를 도우며, 면 요리에 첨가하면 포만감은 주되 칼로리는 낮추는 역할을 합니다.

1 팬에 식용유를 붓고 가열하다가 대파 1조각을 넣었을 때 튀겨지듯 온도가 오르면 불을 끄고 나머지 국물 재료를 모두 넣습니다.

2 온도가 어느 정도 떨어지면 들기름을 넣은 뒤 10분 정도 그대로 둡니다.

3 배추김치와 깻잎은 채 썰어놓습니다.

4 냄비에 물 800ml를 넣고 끓이다 끓기 시작하면 볶아둔 국물 재료와 소고기, 김치를 넣고 5분간 끓입니다.

5 두부 면을 넣고 콩나물을 넣은 뒤 국간장으로 간합니다.

6 마지막으로 깻잎을 고명으로 올려 마무리합니다.

김소형 원장의 면역 특강

궁합 해장과 피로 해소를 돕는 타우린을 섭취하기 위해 소고기 대신 오징어를 넣어도 좋습니다.

약념본초 생수 대신 헛개 우린 물을 사용하면 숙취 해소에 좋습니다.

겨울 보양식은
따뜻한 화롯불 앞에 앉아 마시는
달큰한 뱅쇼 한 모금과 같다.
천천히 스며드는 온기가
지친 몸과 마음이 위로받는 듯한
기분을 선사한다.

Part. 05

飯饌

면역 반찬

스페셜한 요리보다 상 위에 매번 오르는 밑반찬이 더 중요합니다.

건강 식단의 기본기, 면역 반찬부터 챙겨보세요.

약념백김치

소화보조 콜레스테롤배출

담백하고 감칠맛이 도는 백김치는 어느 음식에나 잘 어울립니다. 입맛이 없거나 매운 것을 먹으면 속이 쓰리는 분에게는 백김치만 한 반찬이 없습니다. 특별히 백출을 넣어 만성 소화불량인 분에게 좋습니다.

Recipe

· 10회분 · 1시간 소요

재료

- 알배추 1포기(700g)
- 무 1컵(150g)
- 쪽파 1줌
- 배 1/2개
- 사과 1/2개
- 천일염 1컵
- 설탕 1/3스푼
- 소주 1/2컵
- 멸치액젓 3스푼
- 찹쌀가루 1스푼
- 홍고추 1개
- 건다시마 10g

국물

- 배 1/4개
- 마늘 5톨(10g)
- 생강 1톨(10g)
- 고추씨 2스푼
- 백출(삽주 뿌리) 1/3컵

※ 배추 밑동은 절이는 데 시간이 오래 걸리기 때문에 간수에 배추를 담가 밑동 부분을 아래로 향하게 세워서 2~3시간 절인 뒤, 배추를 뒤집어서 간수에 푹 담가 2~3시간 더 절이면 골고루 절일 수 있습니다.

1 알배추는 4등분하고, 간수에 5시간 절여서 헹궈둡니다.

2 물 2L에 다시마를 넣고 5분간 끓인 뒤 완전히 식힙니다.

3 물 ½컵에 찹쌀가루를 넣어 잘 풀어준 뒤 끓는 물 ½컵에 다시 풀어 찹쌀풀 1컵을 만듭니다.

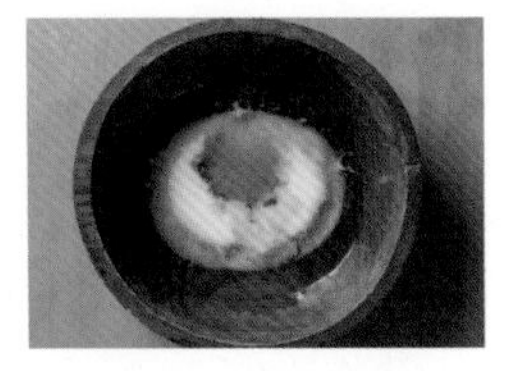

4 ②의 다시마 국물에 멸치액젓, 소주, 천일염, 설탕, ③의 찹쌀풀을 넣고 잘 젓습니다.

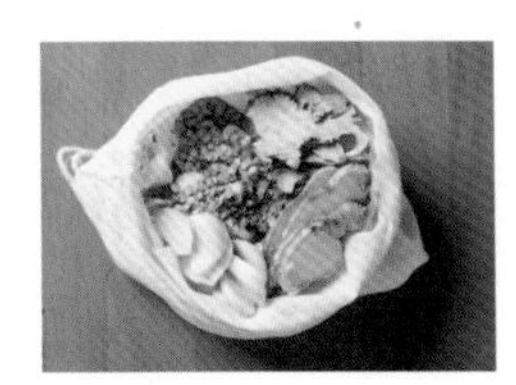

5 마늘, 생강은 편으로 썰고, 국물 재료 중 배는 강판에 갈아 모두 망에 넣습니다. 고추씨, 백출도 망에 넣어줍니다.

6 배, 사과, 무는 나박 썰고, 홍고추는 씨를 털어낸 뒤 길쭉하게 썹니다.

7 통에 절인 배추-무-사과-배-쪽파-홍고추 순으로 올리고 그 위에 국물 재료를 넣은 망을 올립니다.

8 ④의 백김치 국물을 붓고 3~4일 후 맛을 들여서 먹습니다.

김소형 원장의 면역 특강

· **다시마** … 다시마 표면의 미끈한 성분인 알긴산은 장 속 콜레스테롤이나 나트륨과 결합해 체외로 배출되기 때문에 콜레스테롤 수치와 혈압을 낮춰주고, 고혈압과 동맥경화 예방에 도움을 줄 수 있습니다.

· **백출** … 더부룩함과 체기를 완화하는 역할을 하는데, 백출에 함유된 아트락틸론 등의 성분에 소화효소 분비 촉진 및 진정 작용이 있는 것으로 알려져 있습니다. 즉 소화효소가 잘 분비되지 않고 위무력증으로 자주 더부룩하며 소화가 잘 되지 않는 분에게 도움을 줄 수 있습니다.

양배추절임

위장보호 | 변비해소 | 유산균폭탄

한국인 장에 맞는 유산균이 아주 풍부한 양배추절임입니다. 양배추가 몸에 좋다는 사실은 알고 있지만 소화가 잘 안 돼 많이 먹지 못하는 분, 평소 변비나 속쓰림 등 불편감을 겪는 분이 매일매일 챙겨 먹으면 좋습니다.

Recipe

- 10회분
- 30분 소요

재료

- 양배추 1/2통
- 적양배추 1/2통
- 당근 1/2개
- 마늘 10톨
- 식초 1컵
- 소금 약간

※ 양배추, 적양배추, 당근, 마늘을 합친 무게가 1kg이라면 소금 양은 20g을 준비하면 됩니다.

1 양배추와 적양배추는 깨끗이 씻어 심을 잘라내고 1cm 간격으로 썰어줍니다.

2 잘라낸 심과 물 300ml를 믹서에 넣고 갈아 즙을 만듭니다.

3 마늘은 편으로 썰고, 당근은 채 쳐서 준비합니다.

4 양배추+당근+마늘 무게의 2% 분량의 소금을 ②의 즙에 타서 소금물을 만듭니다.

5 채소에 소금물과 식초를 적셔서 숨이 죽도록 절입니다.

6 바락바락 문질러 부들부들해지면 열탕 소독한 용기에 넣습니다.

7 양배추 큰 잎으로 뚜껑처럼 덮고 그 위에 컵이나 종지를 얹어 내용물이 떠오르지 않게 합니다.

8 뚜껑을 반만 닫고 실온에 3일에서 일주일간 보관하며 발효시킵니다.

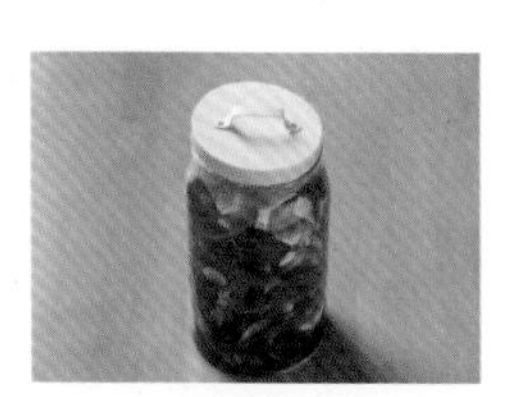

9 가스가 다 빠지면 뚜껑을 완전히 닫아 냉장 보관합니다.

김소형 원장의 면역 특강

· **양배추** … 위궤양을 완화하고 위벽 세포를 보호하는 비타민 U가 풍부하기로 유명한 식품입니다. 또 양배추를 발효시키면 글루코시놀레이트가 항암 물질로 알려진 이소티오시아네이트로 바뀌어 암을 예방하는 데 도움을 줍니다.

· **마늘** … 김치의 맛을 좌우하는 유산균인 류코노스톡 균주가 풍부한 식품입니다. 양배추절임에 소량 넣으면 한국인에 잘 맞는 유산균주를 이루게 해줍니다.

· **당근** … 장내에서 유익균의 먹이가 되는 난소화성 탄수화물인 프락토 올리고당이 풍부한 식품입니다. 유산균이 풍부한 식품과 함께 꾸준히 섭취하면 유익균을 증식시킵니다.

무장아찌

소화보조 고식이섬유

천연 소화제 무를 이용한 초간단 장아찌 레시피입니다. 한번 만들어두면 보존 기간도 길어 오래 두고두고 먹을 수 있습니다. 김장무의 시원하고 아삭함을 좋아하시는 분에게 권합니다.

Recipe

- 10회분
- 20분(절여두는 시간 제외) 소요

재료

- 무(작은 것) 1단(5개)
- 굵은소금 3컵
- 고추씨 1컵
- 베트남 고추 적당량(선택)
- 소주 ½컵

※ 무가 탄력 있게 휘면 잘 절여진 것입니다. 아직 딱딱하다면 하루 정도 더 절여주세요. 매운맛을 싫어하는 분은 베트남 고추를 빼도 됩니다. 밀폐가 잘 되지 않으면 곰팡이가 필 수 있습니다.

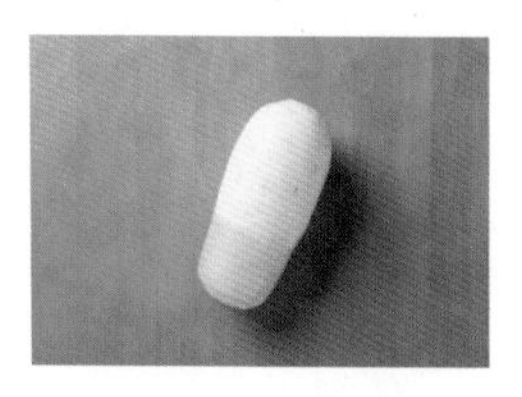

1 무는 작은 것을 골라 깨끗이 씻어 준비합니다.

2 바닥에 굵은소금을 2컵 깔고 무 겉면에 물을 묻혀 굵은소금을 골고루 바른 후 김장 봉투에 담습니다. 손에 물을 묻혀 무 표면에 조금씩 뿌려 습기가 생기도록 합니다.

3 기호에 따라 베트남 고추를 넣은 후 김장 봉투를 묶어 이틀간 절여둡니다. 이틀 후 봉투를 다시 열어 절인 무에 고추씨, 소주를 넣습니다.

4 물 2L에 굵은소금 1컵 비율로 소금물을 만들어 무가 완전히 잠길 만큼 부어줍니다.

5 공기를 완전히 빼고 잘 묶어 밀폐 용기에 넣어 보관합니다.

6 한 달간 서늘한 베란다에 실온 보관했다가 김치냉장고에 보관합니다.

김소형 원장의 면역 특강

- **무** … 탄수화물을 분해하는 디아스타아제와 아밀레이스, 단백질을 분해하는 프로테아제, 지방을 분해하는 리파아제 등 소화효소가 풍부한 식품으로 소화력이 약한 분이 익히지 않고 먹으면 좋습니다.
- **고추씨** … 장아찌가 금세 상하지 않도록 천연 방부제 역할을 합니다.
- **베트남 고추** … 한국 고추보다 작고 매운 건조된 빨간 고추입니다. 칼칼한 맛을 추가하기 위해 넣습니다.

마늘장아찌

혈관건강 항산화

아린 맛은 줄이고 생마늘 그대로의 약성을 살린 방법으로 만든 마늘장아찌입니다. 고혈압, 고지혈증 등 심혈관 질환을 예방하고 싶다면 매일매일 밑반찬으로 드세요.

Recipe

- 10회분
- 20분(재우는 시간 제외) 소요

재료

- 깐 마늘(잔마늘) 700g
- 진간장 1/3컵
- 식초 1+1/2컵
- 설탕 1+1/2컵
- 소주 1/3병(120ml)
- 감초 2조각

※ 잔마늘은 아린 맛도 빨리 빠지고 촛물이 빨리 들어서 장아찌용으로 좋습니다. 깐 마늘을 재울 때 설탕은 삼투압 효과를 위한 것으로 설탕 대신 소금을 써도 됩니다. 24시간 재운 마늘에 초록빛이 도는 것은 마늘 자체 성분의 화학작용으로 인한 현상이므로 안심하고 드셔도 됩니다.

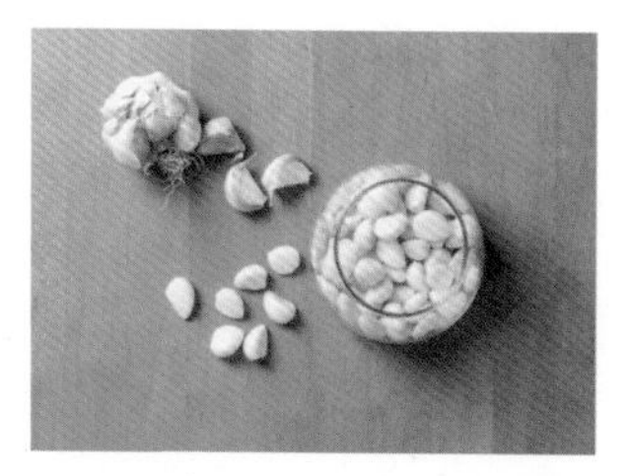

1 깐 마늘은 깨끗이 씻은 뒤 열탕 소독한 용기에 넣습니다.

2 식초와 설탕을 1컵씩 넣고 섞은 뒤 마늘에 부어주고 24시간 재웁니다.

3 재운 마늘을 물에 헹궈 채반에 말립니다.

4 물 1컵, 간장 1/3컵, 식초 1/2컵, 설탕 1/2컵, 소주 1/3병을 섞어 촛물을 만듭니다.

5 열탕 소독한 밀폐 용기에 마늘과 감초를 넣고 촛물을 붓습니다. 이때 마늘이 촛물에 잠기지 않으면 식초와 설탕을 1/2컵씩 더 넣으세요.

6 냉장고에서 일주일 보관한 후 먹습니다.

김소형 원장의 면역 특강

· **마늘** … 고혈압, 고지혈증 등 심혈관 질환 예방을 위해 챙겨 먹으면 좋은 식품입니다. 다양한 항산화 성분이 있으며, 생마늘의 황화수소가 혈관을 넓히고 혈류를 늘려 혈액순환을 개선합니다.

· **감초** … 강한 맛을 부드럽게 해줍니다. 즉 생마늘의 아린 맛과 강한 향, 간장의 짠맛, 식초의 신맛이 조화를 이루도록 도와줍니다. 또 감초는 마늘의 갈변을 막는 역할도 합니다.

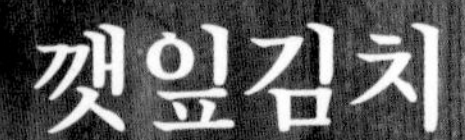

장트러블예방 뼈건강

만들자마자 먹을 수 있는, 여름철 장 건강을 지켜주는 깻잎김치입니다. 뼈에도 좋으니 성장기 청소년이 있거나 골다공증이 걱정된다면 식탁에 자주 올리세요.

Recipe

- 10회분
- 40분 소요

재료

- 깻잎 70장
- 양파 1/2개
- 쪽파 1/2컵
- 홍고추 3개
- 통깨 1큰술

양념장

- 진간장 1/3컵
- 멸치액젓 1스푼
- 생강청(조청) 1스푼
- 매실액 1+1/2스푼
- 설탕 1스푼
- 다진 마늘 1/2스푼
- 고춧가루 1/3컵

※ 깻잎은 5분 이상 깨끗한 물에 담가둔 뒤 흐르는 물에 두 번 헹구면 깨끗이 세척할 수 있습니다. 완성 후 하루 정도 냉장고에 숙성했다가 먹으면 더욱 맛있습니다.

1 깻잎을 깨끗이 씻어 말려 줄기를 조금 남기고 잘라줍니다.

2 물 ½컵과 양념장 재료를 모두 섞어 양념장을 만듭니다.

3 적당한 크기로 썬 양파, 홍고추, 쪽파, 통깨를 양념장에 섞어줍니다.

4 깻잎을 3~4장씩 넘겨가며 양념장을 발라줍니다.

김소형 원장의 면역 특강

· **깻잎** … 깻잎 특유의 향 성분인 로즈마린산은 항산화 성분으로 염증을 없애고, 기억력 감퇴 예방에 도움이 되는 성분입니다. 또 칼슘과 비타민 K가 풍부해 뼈를 튼튼하게 하는 데도 좋습니다.

· **생강청** … 성질이 따뜻하면서 소화를 돕고, 장염과 식중독을 예방해주기 때문에 찬 음식으로 배탈이 나기 쉬운 여름에 챙겨 먹으면 좋습니다.

고추장아찌

비타민C　식욕회복

집 나간 입맛도 되돌아오는 비타민 C 폭탄 고추장아찌입니다. 소염 효과와 천연 방부제 역할을 하는 황금을 넣어 오래 보존할 수 있어 밑반찬으로 좋습니다.

Recipe

· 10회분
· 20분 소요

재료

· 풋고추(아삭이고추) 500g
· 황금 ½줌

촛물

· 다시마 국물 3컵
· 양조간장 3컵
· 식초 1+½컵
· 설탕 1+½컵
· 매실청 ½컵
· 소주(정종) ½컵

※ 고추는 5분 이상 깨끗한 물에 담가둔 뒤 흐르는 물에 두 번 헹구면 깨끗이 세척할 수 있습니다. 고추 끝을 잘라두면 한입 베어 물었을 때 국물이 튀는 것을 막을 수 있습니다. 설탕이 가라앉지 않게 잘 저어서 녹여주세요.

1 고추를 깨끗이 씻어 물기를 말립니다. 고추의 뾰족한 끝을 가위로 잘라냅니다.

2 다시마 국물, 간장, 식초, 설탕, 매실청, 소주(정종)를 섞어 촛물을 만듭니다.

3 열탕 소독한 용기에 고추, 황금을 넣고 촛물을 붓습니다.

4 누름 틀로 눌러 냉장실에 넣어 두고 숙성시킵니다.

5 일주일에서 1개월 정도 취향에 맞게 숙성시켜서 먹습니다.

김소형 원장의 면역 특강

· **고추** … 비타민 C가 풍부하고 칼로리가 낮아 체중 관리 및 피부 미용에 좋습니다.
· **황금** … 예로부터 소염, 진통, 항균의 용도로 다양하게 사용되어왔고, 아주 강력한 항균 작용을 해 천연 방부제로 많이 사용하던 약재입니다.

간장오이지

노폐물배출 갈증해소

아삭한 식감이 1~2년간 유지되는 오이지입니다. 한번 만들어두고 저칼로리 반찬으로 어느 때든 활용하면 좋습니다. 특히 수분이 부족하고 갈증 날 때 먹으면 좋습니다.

Recipe

- 10회분
- 30분(숙성 기간 제외) 소요

재료

- 토종 오이 10개
- 진간장 1+1/2컵
- 식초 1/2컵
- 설탕 1/2컵
- 베트남 고추 3개(또는 청양고추, 양은 취향에 맞춰 조절)

※ 2배 식초는 양을 반으로 잡으세요. 베트남 고추 대신 청양고추를 사용한다면 양을 반으로 줄여주세요. 오이 양이 적다면 모든 재료의 양을 그에 맞춰 줄여주세요.

1 오이는 상처 나지 않게 씻어줍니다.

2 냄비에 진간장, 식초, 설탕을 3:1:1 비율로 넣어 섞고 베트남 고추(또는 청양고추)를 넣어 촛물을 끓입니다.

3 팔팔 끓는 물에 오이를 3~5초 정도 튀기듯 담갔다 뺍니다(아삭한 식감을 위해서는 필수).

4 물에 튀긴 오이를 열탕 소독한 그릇에 가지런히 담고 팔팔 끓는 촛물을 부어 밀봉합니다.

5 누름 독에 넣어 2~3일간 실온에서 숙성합니다.

6 2~3일 숙성한 후 오이지의 촛물을 따라내서 다시 끓이고, 촛물을 완전히 식혀 오이지에 부어 김치냉장고에 보관합니다. 2~3일 후에 드세요.

김소형 원장의 면역 특강

- **토종 오이** … 일반 오이 대비 작은 오이입니다. 크기가 작아 씨방이 작은데 덕분에 오래 담가두어도 무르지 않습니다. 오이는 100g당 9kcal밖에 되지 않아 다이어트 식품으로 사랑받습니다. 또 우리 몸속의 노폐물 배출을 돕는 칼륨 함량이 높아 천연 이뇨제라는 별명도 있습니다.
- **베트남 고추** … 오이지에 칼칼한 맛을 더하고 곰삭지 않도록 도와주는 역할을 합니다.

약념무콩나물

천연소화제 피로해소 해독작용

소화가 잘 안 되고 피로를 몸에 달고 다니는 분에게 좋은 나물 요리입니다. 으슬으슬 감기가 오려고 할 때 먹으면 예방 효과가 있습니다.

Recipe

- 3~4인분
- 30분 소요

재료

- 무 1/3개
- 콩나물 1봉(300g)
- 들기름(참기름) 2스푼
- 멸치액젓 1스푼
- 소금 약간
- 쪽파 약간
- 통깨 약간

※ 완성된 무콩나물은 냉장 보관했다가 따뜻하게 데워드세요. 물 대신 멸치다시마 국물을 넣으면 더욱 감칠맛 있는 나물이 완성됩니다.

1 무는 채 쳐서 소금으로 5~10분 정도 절입니다.

2 팬에 들기름 1스푼을 두르고 콩나물을 살짝 볶다가 숨이 죽으면 액젓으로 간을 합니다.

3 콩나물을 팬 한쪽으로 밀어놓고 무를 올려서 잘 섞어줍니다.

4 절일 때 무에서 나온 물을 팬에 붓고, 물이나 멸치 국물을 콩나물과 무에 자작하게 부어줍니다.

5 뚜껑을 덮고 끓으면 4~5분 후 불을 끈 뒤 그대로 5분 정도 뜸을 들입니다(뚜껑은 열지 마세요).

6 국물을 맛보고 액젓이나 소금으로 간을 맞춥니다. 통깨와 쪽파, 들기름이나 참기름 1스푼을 넣어 마무리합니다.

김소형 원장의 면역 특강

· **무** … 무는 우리 몸의 뭉친 것을 풀어주는 작용이 탁월한 식품입니다. 또 오래 묵은 가래를 없애고 기침에 좋으며, 음식으로 뭉친 독소인 식적을 없애는 역할을 하죠. 복부가 더부룩하고 변비가 있거나 소화가 안 될 때 뚫어줄 뿐 아니라, 가래를 삭이고 오래된 기침을 멎게 하는 효과까지 있다고 알려져 있습니다.

· **콩나물** … 예로부터 콩나물은 온몸이 무겁고 저리거나 근육이 쑤실 때 치료제로 쓰였습니다. 염증을 억제하고 열을 제거하는 효과가 뛰어나며, 해독 작용과 더불어 피로 해소와 마음을 안정시키는 역할을 한다고 알려져 있습니다.

면역 반찬은
있는 듯 없는 듯하면서도
결국 존재감을 드러내는
멋진 조연이다.
당연하게 생각해 고마움을 모르다
없을 땐 한없이 아쉬운,
식탁 위 기승전결에
꼭 필요한 존재가 아닐까.

Part. 06

보양차 & 보양수

매일 마시는 물이 보약이라면 얼마나 좋을까요.

특별할 것 없는 습관 하나가 무병장수의 비밀을 담고 있다면 얼마나 좋을까요.

삶을 바꾸는 보양차 습관, 지금부터 만들어보세요.

수족온활차

수족냉증완화 혈액순환 혈관건강

겨울은 물론 사계절 내내 손발이 찬 분에게 좋은 차입니다. 수족냉증뿐 아니라 혈액순환과 혈관 관리에도 좋습니다.

Recipe

· 40분 소요

재료 ·물1L ·꾸지뽕 10g ·강황 4g ·계피 10g ·약쑥 5g ·익모초 5g ·오미자 5g ·대추 5개

※ 증기가 날아가지 않게 뚜껑을 닫고 끓어 넘치지 않도록 불 조절에 유의하세요.

재료 도감

· **꾸지뽕** … 혈액순환을 원활하게 해 냉증을 개선하는 데 도움을 줍니다. 천연 에스트로겐을 함유해 각종 부인병 완화 효과가 뛰어납니다.

· **강황** … 혈액을 끈적이게 하는 것을 제거하는 청혈 작용이 뛰어납니다. 예로부터 기 순환을 돕고 어혈을 풀기 위해 사용해왔습니다.

· **계피** … 몸이 차서 소화가 잘 안 되거나 생리통이 심할 때 먹으면 좋은 따뜻한 성질의 본초입니다. 말초 혈액순환이 원활하지 않은 분에게도 좋습니다.

· **약쑥** … 여성에게 좋은 대표적인 본초입니다. 태아가 자궁 내에 잘 정착하게 하며, 산후에도 빠른 회복을 위해 임신 전·중·후에 사용하는 본초입니다.

1 물을 끓입니다.

2 물이 팔팔 끓을 때 모든 재료를 넣고 약한 불로 줄입니다.

3 뚜껑을 닫고 30분 정도 약한 불로 뭉근히 끓입니다.

4 한 김 식힌 뒤 약재를 걸러내고 따뜻할 때 마십니다.

김소형 원장의 주의 사항

강황과 울금을 혼동하지 않도록 주의하세요. 울금은 성질이 찬 본초로 울금이 아닌 강황을 넣어야 합니다. 익모초는 임신부에게 해로울 수 있습니다.

혈압혈당차

혈액순환 혈관건강

고혈압을 완화하는 약초와 혈당 관리를 돕는 약초를 담아 우린 차입니다. 혈액을 깨끗하게 하고 신진대사를 원활하게 하기 때문에 고혈압과 당뇨를 동반한 대사증후군이 있는 분에게 좋습니다.

Recipe

· 40분 소요

재료 · 물1L · 말린 뽕잎 10g · 여주 10g · 겨우살이 10g · 대추 5g

※ 증기가 날아가지 않게 뚜껑을 닫고 끓어 넘치지 않도록 불 조절에 유의하세요. 혈압이 높지 않은 분은 겨우살이 양을 반으로 줄이고 혈당이 정상인 분은 여주 양을 반으로 줄여서 끓이세요.

재료 도감

· **뽕잎** … 콜레스테롤 수치를 낮추고 혈관을 이완·확장해 혈압을 낮추는 데 도움을 줍니다. 또 뽕잎 속 루틴 성분이 모세혈관을 튼튼하게 합니다.

· **여주** … 식물성 인슐린인 P-인슐린과 사포닌의 일종인 카란틴이 풍부합니다. 천연 인슐린이라고 불릴 만큼 당뇨를 극복하는 데 도움을 주는 본초입니다.

· **겨우살이** … 천연 항암제이자 혈압 조절제로 불리는 본초입니다. 고혈압으로 인한 두통을 가라앉히며, 마음을 안정시키는 데도 도움을 주기 때문에 마시면 몸이 편안해지는 효과가 있습니다.

· **대추** … 여주의 찬 성질을 보완해주는 따뜻한 성질의 본초입니다.

1 물을 끓입니다.

2 물이 팔팔 끓을 때 모든 재료를 넣고 약한 불로 줄입니다.

3 뚜껑을 닫고 30분 정도 약한 불로 뭉근히 끓입니다.

4 한 김 식힌 뒤 약재를 걸러내고 따뜻할 때 마십니다.

김소형 원장의 주의 사항

임신 중인 여성은 여주를 복용하지 않는 것이 좋습니다.

기력회복차

원기회복 | 진액보충 | 염증완화

《동의보감》에 나온 여름 더위 보양법인 '생맥산'을 바탕으로 한 차입니다. 여름철의 후끈한 열기로 땀을 많이 흘리고 입이 마르며 온몸이 노곤할 때 좋습니다. 원기를 보하는 효과와 더불어 코막힘과 호흡기 건강에도 좋습니다.

Recipe

· 50분 소요

재료 · 물 1L · 인삼 10g · 오미자 10g · 맥문동 20g

※ 증기가 날아가지 않게 뚜껑을 닫고 끓어 넘치지 않도록 불 조절에 유의하세요. 체질이 냉한 분은 향유와 백편두를 각 5g 정도 추가해서 마시면 좋습니다.

재료 도감

· **인삼** … 인삼은 예로부터 진액을 만들고 갈증을 없애는 데 쓰던 약재입니다. 원기 회복 및 자양강장에도 도움이 되는 대표적인 본초이기도 합니다.

· **오미자** … 오미자의 신맛은 침을 고이게 하고 진액을 만듭니다. 현대 과학에서도 각종 유기산과 영양물질이 포함돼 세포 면역 기능 촉진 작용을 하는 것으로 확인되었습니다. 또 기관지 염증을 가라앉히고 섬모운동을 촉진합니다.

· **맥문동** … 다량의 포도당과 점액질을 함유해 진액을 보충하고 심장 과부하를 억제합니다.

1 물을 끓입니다.

2 물이 팔팔 끓을 때 모든 재료를 넣고 약한 불로 줄입니다.

3 뚜껑을 닫고 40분 정도 약한 불로 뭉근히 끓입니다.

4 한 김 식힌 뒤 약재를 걸러내고 따뜻할 때 마십니다.

김소형 원장의 주의 사항

맥문동은 소화력이 약한 사람에게는 설사 등을 일으키기도 하므로 달여서 따뜻하게 차로 마시면 좋습니다.

디톡스차

해독 숙취해소 노폐물배출

예로부터 해독을 위해 사용한 감두탕을 바탕으로 한 차입니다. 몸이 자주 붓거나 혈액순환이 잘 안 되는 분, 술이나 담배를 하는 분이 자주 마시면 좋습니다.

Recipe

· 1시간 소요

재료 · 물 1L · 검은콩 30g · 감초 10g

※ 증기가 날아가지 않게 뚜껑을 닫고 끓어 넘치지 않도록 불 조절에 유의하세요. 검은콩은 서리태, 흑태, 쥐눈이콩 등 다양합니다. 어떤 것을 사용해도 좋으나 갱년기 여성의 경우 식물성 에스트로겐이 풍부한 쥐눈이콩을 권합니다.

재료 도감

· **검은콩** … 수분을 관장하는 신장의 기능을 강화하고 몸 안 독소를 없애는 작용이 뛰어납니다. 또 소변을 잘 나오게 하고 해독 효능이 있는 데다 항산화 작용이 뛰어나 노화를 늦추고 혈액순환을 도우며, 항암 효과를 기대할 수 있습니다.

· **감초** … 해독 작용을 하는 약초 중 대표적인 것이 감초입니다. 은은한 단맛이 나 부담스럽지 않습니다. 해독 작용 외에도 역류성 식도염 같은 위장 염증 완화와 진통 효과가 있는 것으로 밝혀졌습니다.

1 물을 끓입니다.

2 물이 팔팔 끓을 때 모든 재료를 넣고 약한 불로 줄입니다.

3 뚜껑을 닫고 50분 정도 약한 불로 뭉근히 끓입니다.

4 한 김 식힌 뒤 약재를 걸러내고 따뜻할 때 마십니다.

김소형 원장의 주의 사항

성조숙증이 우려되는 청소년에게는 권하지 않습니다.

소화제차

소화보조 건위작용 혈액순환

식후에 더부룩함을 느끼는 경우 마시면 좋은 차입니다. 만성 소화불량, 설사, 장염으로 고생하는 분이 수시로 마시면 좋습니다.

Recipe
· 40분 소요

재료 ・물 1L ・산사 5g ・백출(삽주 뿌리) 10g ・감초 10g

※ 증기가 날아가지 않게 뚜껑을 닫고 끓어 넘치지 않도록 불 조절에 유의하세요. 육류가 많은 식사를 한 후라면 산사 양을 5g 더 늘려도 좋습니다.

재료 도감

· **산사** … 《동의보감》에는 '식적과 오랜 체기를 풀어주고 맺힌 기를 운행시키며 비장을 튼튼하게 한다. 특히 고기를 많이 먹어 생긴 식적을 치료한다'고 적혀 있습니다. 또 어혈을 풀고 혈이 잘 순환되도록 하는 활혈화어(活血化瘀) 효과가 뛰어납니다.

· **백출** … 건위(健胃)·소화 작용을 해 만성 소화불량·장염·설사를 개선하는 데 효과적입니다. 병후에 식욕이 없고 전신이 쇠약하며 땀을 많이 흘리는 사람에게도 좋습니다.

· **감초** … 위와 장을 보호하는 건위 작용을 하며 산사와 백출의 쌉싸름한 맛을 감소시키는 역할을 합니다.

1 물을 끓입니다.

2 물이 팔팔 끓을 때 모든 재료를 넣고 약한 불로 줄입니다.

3 뚜껑을 닫고 30분 정도 약한 불로 뭉근히 끓입니다.

4 한 김 식힌 뒤 약재를 걸러내고 따뜻할 때 마십니다.

김소형 원장의 주의 사항

산사는 혈관 확장제나 칼슘 통로 차단제를 복용하는 분, 혈관 수축 유도 약물, 항혈액 응고제나 항혈소판제를 복용하는 분은 상호작용이 일어날 수 있으니 먹지 않는 것이 좋습니다.

숙면차

심신안정 불면증완화 스트레스완화

심신을 안정시키고 편안한 수면을 유도하는 본초로 구성된 차입니다. 평소 불면증이 있거나 스트레스로 몸이 긴장한 분에게 좋습니다.

Recipe

· 1시간 소요

재료 · 물 1L · 영지버섯 10g · 연자육 5g · 대추 5g

※ 증기가 날아가지 않게 뚜껑을 닫고 끓어 넘치지 않도록 불 조절에 유의하세요.

재료 도감

· **영지버섯** … 중추신경의 흥분을 조절하고 자율신경을 안정시켜 불면증에 효과적입니다. 신경쇠약으로 작은 일에도 잘 놀라고 가슴이 뛰며 잠을 못 이루고 기운이 없는 사람에게 좋습니다.

· **연자육** … '청심연자음(淸心蓮子飮)', 즉 마음을 맑게 하는 처방에 주재료로 사용하는 본초입니다. 스트레스로 가슴이 답답하고 얼굴이 붉어지는 증상 등을 치료합니다.

· **대추** … 말린 대추는 신경을 안정시키는 효과가 있습니다. 특히 대추 속 마그네슘이 세로토닌을 생성해 숙면을 돕기 때문에 불면증을 해소할 수 있습니다.

1 물을 끓입니다.

2 물이 팔팔 끓을 때 모든 재료를 넣고 약한 불로 줄입니다.

3 뚜껑을 닫고 50분 정도 약한 불로 뭉근히 끓입니다.

4 한 김 식힌 뒤 약재를 걸러내고 따뜻할 때 마십니다.

김소형 원장의 주의 사항

붉은사슴뿔버섯을 영지버섯으로 착각해서 먹고 사망하는 경우가 있습니다. 영지를 구매하실 때는 산지와 출처를 잘 확인하세요.

청숨차

미세 먼지 배출 폐·기관지 면역력

폐를 맑게 하는 청폐탕을 바탕으로 한 차입니다. 미세 먼지로 인한 기관지 건조, 만성 호흡기 질환, 만성 기침, 가래가 있는 분에게 좋습니다.

Recipe

· 30분 소요

재료 · 물 1L · 도라지(말린 것) 10g · 맥문동 8g · 황금 5g · 민들레 뿌리 3g · 원지2g · 감초 2g · 박하 5g · 장미 1g

※ 증기가 날아가지 않게 뚜껑을 닫고 끓어 넘치지 않도록 불 조절에 유의하세요. 재료를 볶는 과정(덖는 과정)은 한의학에서 약재의 약성이 잘 우러나오게 하기 위해 흔히 쓰는 전처리 방법입니다. 잘 덖으면 차로 마시기 적합하도록 맛이 훨씬 부드러워집니다.

재료 도감

· **도라지** … 도라지의 사포닌은 호흡기 점막의 점액 분비를 늘려 미세 먼지를 점액질에 달라붙게 해 걸러줍니다. 가래를 잘 배출할 수 있도록 도와주는 것이죠. 진통 효과와 항염증 효과도 뛰어납니다.

· **맥문동** … 맥문동은 자양생진(滋養生津), 양기를 기르고 진액을 만드는 효과가 있어 진액이 부족한 증상에 두루두루 쓰이는 약재입니다. 청숨차에선 폐를 촉촉하게 해주는 역할을 합니다.

· **황금** … 황금은 폐의 열을 식혀주고, 세균이 살 수 없는 환경을 조성하는 역할을 합니다.

· **박하** … 성질은 가볍고 향이 강하며 주로 인체의 상부, 즉 가슴과 머리 쪽으로 발산해 해열시키는 것이 특징입니다. 미세 먼지로 인한 비염, 기관지염 등 호흡기 염증을 완화하는 데 효과를 볼 수 있습니다.

1 박하와 장미를 뺀 도라지, 맥문동, 황금, 민들레 뿌리, 원지, 감초를 함께 중간 불에서 1분간 볶습니다.

2 물을 끓입니다.

3 물이 팔팔 끓을 때 ①의 볶은 재료와 박하, 장미를 넣고 약한 불로 줄입니다.

4 뚜껑을 닫고 40분 정도 약한 불로 뭉근히 끓입니다.

김소형 원장의 주의 사항

도라지의 약효를 보기 위해서는 3년생 이상 된 것을 구입하고 껍질에도 약성이 있기 때문에 껍질째 사용하는 것이 좋습니다. 중국산은 향이 거의 없고 씻어서 유통되기 때문에 구분할 수 있습니다.

청안차

시력보호 안구건조증완화

눈이 뻑뻑하고 자주 충혈되는 분을 위한 차입니다. 눈의 열을 식히고 진액을 보충해 안구건조증과 눈의 피로감을 해소해줍니다.

Recipe

· 30분 소요

재료 · 물 1L · 구기자 20g · 결명자 10g · 감국 10g · 돌나물 10g · 케일 10g

※ 증기가 날아가지 않게 뚜껑을 닫고 끓어 넘치지 않도록 불 조절에 유의하세요.

재료 도감

· **구기자** … 구기자 추출물에 함유된 다당류와 베타인이 산화 스트레스와 염증으로 유발되는 안구건조증을 완화하는 데 도움이 된다는 연구 결과가 있습니다.

· **결명자** … 눈에 좋은 대표적인 본초로 눈이 건조하고 열감이 있으며 충혈감을 느낄 때 이와 연관된 간의 열을 내려주는 역할을 합니다. 성질이 찬 편이라 몸이 허한 분은 장복하지 않는 것이 좋습니다.

· **감국** … 국화의 한 종류인 감국은 청안, 즉 눈을 맑게 하는 역할을 합니다. 시력이 떨어지고 자주 충혈되는 눈을 맑게 해주는 작용을 합니다.

· **돌나물** … 눈에 나는 불을 꺼주는 소방수 역할을 합니다. 눈을 촉촉하게 보습하는 역할입니다. 석상채라고도 불리는데, 맛이 달고 냉하며 눈의 열기를 내리고 진액을 공급하는 작용이 뛰어납니다.

· **케일** … 시력에 관여하는 비타민 A, 베타카로틴이 풍부합니다.

1 물을 끓입니다.

2 물이 팔팔 끓을 때 모든 재료를 넣고 약한 불로 줄입니다.

3 뚜껑을 닫고 20분 정도 약한 불로 뭉근히 끓입니다.

4 한김 식힌 뒤 약재를 걸러내고 따뜻할 때 마십니다.

김소형 원장의 주의 사항

결명자는 약성이 차고 쓴맛을 내기 때문에 정기가 부족해 몸이 약해진 허증 환자가 먹으면 소화불량, 불면증, 현기증, 두통을 유발할 수 있습니다.

갱년기차

갱년기증상완화 골다공증예방

갱년기 증상 완화에 주로 처방하는 '당귀보혈탕'을 바탕으로 한 차입니다. 폐경기에 갖가지 증상으로 잠 못 이루어 힘들어하는 분에게 권합니다.

Recipe

· 50분 소요

재료 · 물 1L · 황기 15g · 당귀 3g · 백수오 2.5g · 백작약 2.5g · 박하 2g · 뽕잎(말린 것) 2g · 치자 2g · 구기자 2g · 산조인 2g · 방풍 2g · 맥문동 2g · 천궁 1.5g

※ 증기가 날아가지 않게 뚜껑을 닫고 끓어 넘치지 않도록 불 조절에 유의하세요.

재료 도감

- **황기** … 땀이 비 오듯 쏟아지는 갱년기 증상에 좋습니다.
- **당귀** … 혈액 생성, 혈액순환에 도움을 줍니다.
- **맥문동** … 진액을 보충하고 심장 과부하를 억제합니다.
- **뽕잎** … 고혈압, 당뇨, 비만 등 갱년기 증상을 완화합니다.
- **구기자** … 갱년기의 허로(虛勞) 증상을 다스립니다.

1 물을 끓입니다.

2 물이 팔팔 끓을 때 모든 재료를 넣고 약한 불로 줄입니다.

3 뚜껑을 닫고 40분 정도 약한 불로 뭉근히 끓입니다.

4 한 김 식힌 뒤 약재를 걸러내고 따뜻할 때 마십니다.

김소형 원장의 주의 사항

맥문동을 약재로 쓸 때는 반드시 뿌리 속 심지를 제거해야 합니다. 심지는 두통과 가슴이 답답하고 불안한 증세를 유발할 수 있습니다. 일본산이나 중국산은 살이 적고 크기가 작아 심지를 빼기 어려우므로 약재로는 국산을 써야 합니다. 심지를 제거한 후 맥문동을 볶을 때는 약재가 바삭하게 마르기 전까지 볶아야 하는데, 완전히 마르면 속까지 골고루 볶기 힘들고 덜 볶으면 수분이 많아 보관하기 힘들며 약효도 떨어집니다. 보통 볶은 것이 유통되므로 확인 후 구입하세요.

찻물을 우리는 동작에도
벌써부터 기운이 차오른다.
한 모금 한 모금에
몸속 가득 찼던 독이 빠지고
따뜻한 원기와 진액이
활기를 북돋운다.

면역력을 높이는 습관

면역력을 높이기 위해서는 면역 체계를 전담하는 림프계의 역할이 중요합니다. 몸의 림프 순환을 개선하고 면역력을 끌어올리는, 과학적으로 검증된 세 가지 방법을 알려드리겠습니다.

❶ 운동

스스로 실행할 수 있는 가장 강력한 면역 증강법이라고 할 수 있습니다. 운동으로 근육이 수축되면서 림프액을 순환시키는 펌프 역할을 해 림프 순환을 촉진하기 때문이죠. 실제로 적절한 강도와 속도로 운동하면 림프 속도가 10~30배 높아진다고 알려져 있습니다. 그럼 어느 정도로 운동을 해야 할까요? 체온이 38.5℃ 정도로 높아질 만큼 강도 높은 운동이 가장 좋습니다. 처음에는 매일 30분 정도로 잡아보세요. 걷기에서 시작해 숨이 차도록 속도를 높이고, 평지에서 경사를 걷는 방식으로 조금씩 운동 강도를 높이다 보면 면역력도 증가할 겁니다. 단, 지나치게 무리한 운동은 오히려 면역력을 떨어뜨릴 수 있습니다. 무리하지 말고 몸에 열을 내는 운동을 매일 30분씩 즐기시길 바랍니다.

❷ 목욕

두 번째는 목욕입니다. 스스로 몸에 열을 내는 운동 다음으로 면역 시스템을 훈련시키는 좋은 방법은 수동적 체온 상승(passive heating) 방법인 목욕입니다. 실제 목욕으로 열 충격 단백질(외부 요인으로 체온이 높아지면 체내에서 생성되는 단백질로, 면역력과 관련 있음)이 합성되어 면역력을 높인다는 연구 결과도 발표된 바 있습니다. 이 연구에서 목욕 같은 수동적 체온 상승도 체력 회복, 엔도르핀 촉진, 림프구 활성화 등 운동과 같은 효과를 얻을 수 있다는 결론을 내렸습니다. 그러나 뜨거운 물에 몸을 완전히 담그는 목욕은 심혈관계 기능을 저하시키거나 기저 질환이 있는 경우 위험할 수 있습니다. 하반신만 물에 담그는 반신욕을 추천합니다.

❸ 수면

마지막은 충분한 수면입니다. 수면은 면역 시스템을 재정비하는 공장 같은 역할을 합니다. 그래서 잠을 제대로 못 자면 면역 시스템도 부정적인 영향을 받습니다. 수면을 충분히 취하지 않으면 림프구(NK 세포)의 수와 기능이 감소되는 것으로 알려져 있습니다. 수면 시간이 짧을수록 면역 세포 기능이 약해져 호흡기 바이러스에 감염될 위험도 높아진다고 하죠. 그럼 잠을 어떻게 자야 면역 시스템을 강화할 수 있을까요? 국내 한 학회가 세계 수면의 날을 맞아 면역력을 증진하기 위한 다섯 가지 수면 지침을 발표했습니다. 1) 최소한 7시간 수면하기 2) 매일 아침 같은 시간에 일어나기 3) 음악이나 방송(유튜브) 틀어놓고 잠들지 않기 4) 잠자리에 누워서는 걱정하지 않기 5) 적절한 습도와 온도 유지하기(습도 40~50%, 온도 18~22℃)입니다.

몸의 증상에 따라 피해야 할 음식

복부팽만(가스) 마늘, 고구마, 콩(두부나 두유는 괜찮습니다), 비트, 당근, 오이, 양배추, 양상추, 브로콜리, 옥수수, 부추, 말린 과일, 프룬, 복숭아, 체리, 과당 함유 음료, 밀가루, 보리, 코코넛. 복부팽만에 관여하는 식품은 워낙 많아 일시적 복부팽만이 아닌 과민성 대장증후군같이 만성적인 복부팽만을 느끼는 경우에만 조절하는 것이 좋습니다.

역류성 식도염 카페인(커피·홍차·녹차·일부 에너지 드링크·초콜릿 등), 매운 음식, 알코올, 탄산음료, 고지방 식품, 초콜릿, 페퍼민트, 흡연. 식도와 위 사이에 있는 괄약근의 힘을 약하게 해서 음식이 역류하게 하는 식품입니다.

소화불량 생채소, 질기거나 탄 육류, 튀긴 음식, 기름진 음식, 찬 음식, 너무 뜨거운 음식, 야식. 이외의 식품이라도 과식하거나 식사 도중 물을 자주 섭취하는 것은 금물이며, 식사를 천천히 하는 것이 매우 중요합니다.

설사 고지방 식품, 익히지 않은 어육류(육회·생선회), 견과류, 잡곡류, 잘 익은 바나나를 제외한 생과일, 카페인, 알코올. 이와 더불어 복부팽만을 유발하는 음식도 피하는 것이 좋습니다.

변비 가공식품, 이뇨 작용을 하는 식품(팥·호박·카페인 음료·알코올). 변비는 피해야 할 식품을 지키는 것보다 식이섬유가 많은 과일과 채소를 잘 먹는 것이 더 효과적입니다.

수족냉증 기본적으로 차가운 음식(빙수·냉면·아이스커피 등), 한의학적으로 성질이 차가운 식품(돼지고기·배추·오이·죽순·미역·연근·미나리·씀바귀·배·수박·참외·녹두). 성질이 찬 식품은 성질이 따뜻한 식품과 함께 먹으면 괜찮습니다(성질이 따뜻한 식품 - 소고기·닭고기·새우·조개·마늘·파·부추·양파·생강 등).

불면증, 두통 카페인, 알코올, 매운 음식, 차가운 음식, 지나친 저칼로리식

부종 햄, 소시지 같은 가공 육류, 국물 요리, 절인 반찬, 짭짤한 과자, 영양제 과잉 복용

만병의 원인, 만성 염증 관리하기

만성 염증은 암이나 심혈관 질환 등 만병의 원인이자 한국인의 사망 원인에 직접적으로 관여하는 요소입니다. 이런 만성 염증을 관리하기 위한 키포인트는 당 독소라고도 표현하는 최종당화산물의 섭취를 최대한 피하는 것입니다. 따라서 만성 염증을 피하기 위한 세 가지 규칙을 소개합니다.

첫 번째 규칙은 '고온에서 요리하는 것보다 저온에서 요리한 음식을 먹어라'입니다.
그러기 위해서는 굽거나 튀긴 음식을 줄여야 합니다. 구운 소고기 스테이크는 삶은 소고기에 비해 3배나 많은 최종당화산물을 함유합니다. 참고로 고기 조리 시 레몬즙 같은 산 성분을 이용하면 최대 50%의 당 독소 생성을 줄일 수 있습니다.

두 번째 규칙은 '채소, 과일 등을 통한 꾸준한 항산화 영양소와 식이 섬유 섭취'입니다.
최종당화산물의 생성을 억제하기 위해서는 항산화 활성이 높은 물질을 섭취하는 것이 도움이 됩니다. 또 식이 섬유는 당 독소 생성을 억제하는 효과가 있죠. 항산화 물질과 식이 섬유는 통곡물이나 익히지 않은 채소, 과일에 풍부합니다.

세 번째 규칙은 '탄수화물 가공식품을 피하라'입니다.
빵이나 케이크, 쿠키에는 많은 당 독소가 포함되어 있습니다. 주식인 밥과 비교해보면 빵과 케이크는 75배, 와플은 96배나 더 많은 당 독소를 포함하고 있습니다. 따라서 간식은 이런 가공된 탄수화물 식품보다는 과일처럼 가열하지 않고 먹는 식품이나 고구마, 감자, 단호박 등 원물 상태에 가까운 식품을 적정량 먹는 것이 좋습니다.

이외에도 식사를 마친 즉시 움직이는 것, 금연하는 것, 스트레스를 관리하는 것이 만성 염증을 예방하고 완화하는 데 아주 중요합니다.

잔류 농약 걱정 없는 채소/과일 세척법

채소나 과일을 먹을 때 잔류 농약에 대한 걱정을 한 번쯤은 해보셨을 겁니다. 사실 농장에서 농약을 뿌리는 양에 비해 소비자에게 도달했을 때 남아 있는 농약의 양은 매우 낮은 수준이지만 영양소가 풍부한 껍질도 함께 먹으려면 확실하게 세척해야 합니다. 식약처에서 다양한 실험과 연구를 통해 증명된 안전한 세척법을 알려드릴게요.

❶ 깨끗한 물을 담은 볼에 과일이나 채소가 잠기게 담가 살살 저어줍니다. 확실하게 세척하려면 물에 과일·채소 세척용 세제를 조금 풀어줍니다.

❷ 포도처럼 속까지 깨끗하게 씻어야 하는 과일은 밀가루나 베이킹 소다를 속까지 골고루 뿌려 물에 담가둡니다.

❸ 배추나 양상추같이 여러 겹으로 이루어진 채소는 농약이 많이 묻은 겉잎을 2~3장 떼어서 버리고 물에 담가둡니다.

❹ 5분이 지나면 물에서 건져낸 뒤 흐르는 물에 30초간 세척합니다.

팩트 체크! 논란이 있는 식품

소문이 무성한 식품이 있습니다. 발암물질이 있다더라, 같이 먹으면 영양소가 파괴된다더라, 먹으면 건강에 해롭다더라 하는 이야기를 한 번쯤 들어보셨을 겁니다. 그래서 더 이상 확실하지 않은 소문에 휘둘려 혼란스러워하지 않도록 다양한 논란이 있는 식품에 대해 무엇이 진실인지 팩트 체크를 해보겠습니다.

Q. 매운 음식이 위에 나쁜가요?

A. 매운맛은 위에 나쁘기도, 도움이 되기도 합니다. 국내 대학 병원의 연구 결과에 따르면, 매운맛을 내는 캡사이신이 오히려 위염 치료에 도움이 된다는 사실이 밝혀졌습니다. 여기서 중요한 건 건강한 사람이 적당량의 캡사이신을 먹었을 때 그렇다는 겁니다. 지나치게 매운, 인위적으로 캡사이신을 많이 넣은 음식은 좋다고 할 수 없습니다. 또 우리가 흔히 먹는 매운 음식은 위궤양, 위암 발병을 높이는 염분이 많은 경우가 있습니다. 즉 김치찌개나 떡볶이같이 짠맛이 강한 매운 음식은 위에 좋지 않은 영향을 미칠 가능성이 높죠. 따라서 매운맛을 건강하게 즐기려면 식사 중 매운 고추 1~2개를 곁들이는 정도가 좋겠습니다.

Q. 적정량의 음주는 건강에 이롭나요?

A. 적정량이라도 해롭다고 봐야 합니다. 집에서 가볍게 마시는 술도 횟수가 많다면 심장에는 독이 될 수 있습니다. 미국 캘리포니아 의대 연구 팀이 평균연령이 50대인 5000여 명(5220명, 평균연령 56세)의 심장 연구 조사 자료를 분석했습니다. 평소 음주량과 심방세동의 연관성을 분석해보니, 음주량이 많을수록 심방세동 발생률이 높았고, 술을 매일 1잔 정도만 마시는 사람도 심방세동 위험이 높아졌습니다. 심방세동은 심장의 심방에 미세한 떨림이 생기는 부정맥의 가장 흔한 형태로 심장 질환의 시초로 작용할 수 있습니다.

Q. 중금속을 피하려면 생선은 먹지 말아야겠죠?

A. 그렇지 않습니다. 생선은 오메가 3의 중요한 급원으로 중금속 축적량이 적은 생선을 먹는 것은 권장 사항입니다. 중요한 것은 오메가 3 함량은 높으면서 중금속 함량은 낮은 생선이 무엇인지 알아두는 것이겠죠.

중금속 함량은 낮고 오메가 3 함량은 높은 생선

- 멸치, 청어, 정어리, 고등어, 게, 연어, 빙어, 무지개송어, 볼락류

중금속 함량이 높은 생선

- 청새치, 황새치, 눈다랑어, 삼치, 상어, 금눈돔, 태평양 참다랑어, 오렌지라피

대체적으로 바닷속에서 먹이사슬 위쪽에 있는 어류가 중금속 함량이 높은 편입니다. 바닷속 생물을 많이 섭취하면서 먹이사슬 하위에 있는 물고기에 함유된 중금속도 다량 섭취하고 축적하게 되기 때문이죠. 따라서 참치라고 불리는 어종 중 몸집이 큰 것은 중금속 함량이 높은 편입니다. 참고로 캔 참치를 만드는 참치는 사이즈가 작은 가다랑어로 수은 축적 위험도 낮은 편입니다.

Q. 무와 당근을 함께 먹으면 비타민 C가 파괴되나요?

A. 비슷한 질문으로 '오이와 당근을 함께 먹으면 비타민 C가 파괴되나요?'도 있죠. 이에 대한 답은 '그렇지 않습니다'입니다. 이 소문의 근원은 당근에 함유된 '아스코르비네이즈'라는 효소에 있습니다. 아스코르비네이즈는 비타민 C의 활성화를 막는 효소이기 때문에 이런 이야기가 돌게 된 것이죠. 하지만 다른 식품과의 상호작용 또는 주위 환경이 바뀌면 바로 제 기능을 할 수 있게 활성화됩니다.

Q. 고사리에 발암물질이 있다던데 사실인가요?

A. 맞습니다. 실제로 발암물질을 정하는 국제암연구소(IARC)에서 고사리를 2B군, 즉 발암 가능성이 있는 물질로 지정한 바 있습니다. 하지만 그럼에도 국내에서 계속 소비되는 이유는 오래전부터 고사리를 즐기던 식문화가 이어져오기 때문이기도 하고, 어쩌다 한 번씩 섭취하는 식품이다 보니 실제로 고사리로 사망하는 경우가 극히 드물기 때문입니다. 참고로 국내의 한 연구에서는 생고사리를 5분간 삶으면 발암 성분인 프타퀼로사이드가 60% 감소된다고 보고했습니다. 그래도 항암 치료를 하는 분 또는 암 완치 후 재발 위험이 있는 분은 섭취를 금하고, 고사리로 반찬을 할 때는 5분 이상 삶아서 섭취하며 자주 먹지 않는 것이 좋겠습니다.

Q. 생채소엔 기생충이 득실거린다던데요?

A. 그렇지 않습니다. 우리나라는 2009년 세계보건기구로부터 토양 매개 기생충 퇴치 인증을 받았습니다. 우리 국민의 기생충 감염 비율이 2% 정도 되는데, 토양의 기생충은 제로에 가깝고 기생충 감염은 보통 익히지 않은 생선 또는 육류를 섭취하는 데서 발생합니다. 농약을 치지 않은 유기농 식품의 경우 기생충이 생존할 가능성이 미세하게 높긴 한데, 이 경우에도 세척만 잘한다면 걱정하지 않아도 됩니다. 딱 하나 주의해야 할 채소를 알려드리자면, 민물에서 자생하는 미나리입니다. 세계보건기구에서 담도암 발생 원인 1위로 간흡충을 인정했는데, 이 간흡충은 민물에서 자생하는 미나리에도 존재할 수 있습니다. 물론 시장에 유통되는 미나리는 보통 하우스에서 재배하니 걱정하지 않아도 됩니다.

Q. 설탕이나 과당이 건강에 나쁜가요?

A. 항상 나쁜 것은 아닙니다. 유일하게 건강에 이롭게 작용할 때가 있습니다. 바로 운동 중 혹은 운동이 끝난 직후에 섭취하는 설탕이나 과당은 이롭습니다. 근육이 소실되지 않게 막아주고, 오히려 단백질이 합성되도록 도우며, 운동으로 증가된 코르티솔 호르몬의 수치를 떨어뜨립니다. 코르티솔 호르몬은 일시적으로 면역력을 떨어뜨리는 것과도 관련이 있기 때문에 운동 후 감염에 취약해지지 않으려면 운동 직후 흡수가 빠른 당류를 20g 정도 섭취하는 게 좋습니다. 당류 20g은 보통 주스 200ml에 들어 있는 양입니다. 단, 가벼운 산책이나 30분 이내의 짧은 운동에는 섭취하지 않는 것이 좋습니다. 땀이 나고 숨이 차는 정도의 운동을 40분 이상 할 때만 드실 것을 권장합니다.

나트륨과 탄수화물 함량을 조절한 요리를 소개해 고혈압이나 당뇨 등 만성질환을 앓고 계신 분도 부담 없이 드실 수 있도록 했습니다. 건강과 보양, 면역의 시작과 끝은 결국 올바른 식습관과 건강한 식사임을 잊지 마세요.

김소형 원장이 개발하고, 추천하는 상품을 김소형 헤밀레에서 만나보세요.

"원장님이 만들어 주시면 안되나요?"

한의사 김소형 공식 쇼핑몰 '김소형 헤밀레'는 이 질문에서부터 시작했습니다.
그녀가 운영하는 유튜브 '채널H' 영상의 상당수 댓글은 "원장님이 만들어 주시면 안되나요?",
"어디서 구할 수 있나요?" 입니다. 쇼핑몰 '김소형 헤밀레'는 구독자 물음에 대한 김소형 원장의 답입니다.
유튜브 '채널H'에서 선보였던 레시피를 적용한 상품, 올바른 규격과 스펙을 가진 상품을 만나 보실 수 있습니다.

쇼핑의 새로운 문화

김소형 헤밀레에는 약초, 전통건강식품, 건강기능식품, 농수축산물, 화장품, 의료기기 등 김소형 원장이 개발한 다양한 상품을 바로 구매할 수 있으며 개발중인 상품을 미리 예약하여 저렴하게 구매할 수 있는 예약제 시스템을 도입하였습니다. 또한 쇼핑과 더불어 건강정보를 제공하는 매거진을 운영하고 유튜브 '채널H'에서 사용했던 자료도 모두 볼 수 있도록 게시하여 쇼핑몰과 자료실의 기능을 모두 갖춘 새로운 복합공간을 탄생시켰습니다.
김소형 원장이 개발하고 추천하는 상품을 김소형 헤밀레에서 만나보세요.